职业教育课程改革与创新系列教材

# 测量放线工（中级）
# 实训教程

主　编　侯代敏

副主编　卢　聪

参　编　陈国超　　次　吉　　索朗达娃

　　　　张钱增　　益西康卓　张　芳

　　　　索朗旺杰　洛桑顿珠　侯张宁

主　审　朱照红

U0255797

机械工业出版社

本书以《工程测量规范》（GB 50026—2007）、《测绘作业人员安全规范》（CH 1016—2008）、《建筑变形测量规范》（JGJ8—2016）、《房产测量规范 第1单元：房产测量规定》（GB/T 17986.1—2000）和行业规范为依据，并结合工程测量人员实际需要进行编写，采取项目式引导，理论知识和任务实训相结合。本书共分十个项目，主要内容有测量学基础知识与建筑工程识图、水准测量、角度测量及经纬仪、距离测量、小地区控制测量、建筑物的施工放线、房产测量、建筑物变形观测、管道施工测量、拦河坝工程测量。本书每个项目末有复习巩固习题，书末附有中级测量放线工模拟试题和答案，以便于技能人才培养和读者自测。

本书配套有电子课件（包含复习巩固习题答案），选择本书作为教材的教师可来电（010-88379934）索取，或登录 www.cmpedu.com 注册、免费下载。

本书适用于工程现场测量放线工程技术人员、管理人员使用，可作为职业院校、技工院校的相关专业师生学习参考用书，也可作为培训机构的培训教材，还可作为读者考前复习用书。

**图书在版编目（CIP）数据**

测量放线工（中级）实训教程/侯代敏主编. —北京：机械工业出版社，2017.10（2019.1重印）

职业教育课程改革与创新系列教材

ISBN 978-7-111-57843-7

Ⅰ. ①测…　Ⅱ. ①侯…　Ⅲ. ①建筑测量-职业教育-教材　Ⅳ. ①TU198

中国版本图书馆 CIP 数据核字（2017）第 238381 号

机械工业出版社（北京市百万庄大街22号　邮政编码100037）

策划编辑：曹丹丹　责任编辑：曹丹丹　责任校对：佟瑞鑫

封面设计：马精明　责任印制：常天培

北京联兴盛业印刷股份有限公司印刷

2019年1月第1版第2次印刷

184mm×260mm · 12.25印张 · 292千字

标准书号：ISBN 978-7-111-57843-7

定价：33.00元

凡购本书，如有缺页、倒页、脱页，由本社发行部调换

| 电话服务 | 网络服务 |
|---|---|
| 服务咨询热线：010-88379833 | 机 工 官 网：www.cmpbook.com |
| 读者购书热线：010-88379649 | 机 工 官 博：weibo.com/cmp1952 |
| | 教育服务网：www.cmpedu.com |
| **封面无防伪标均为盗版** | 金 书 网：www.golden-book.com |

# 前　言

2014 年 5 月国务院下发《国务院关于加快发展现代职业教育的决定》。为加快培养一批高素质技能型人才，加大职业技能培训力度，编写团队组织编写了本书。本书可以满足职业教育测量专业理论知识学习的需求，适用于工程现场测量放线工程技术人员、管理人员使用，可作为职业院校、技工院校的相关专业师生学习参考用书，也可作为培训机构的培训教材，还可作为读者考前复习用书。

建筑工程施工测量放线是施工管理人员的基本技能之一。每项建筑工程施工都是从施工定位放线开始的，它关系到整个工程的成败，由于放线错误造成的房屋错位，不能满足功能设施要求的现象屡见不鲜。施工测量放线是保证工程质量至关重要的一环。建筑工程施工测量放线的目的是将图纸上设计的建筑物的平面位置、形状和高程标定在施工现场的地面上，并在施工过程中指导施工，使工程严格按照设计的要求进行建设。建筑工程施工测量放线工作不仅是工程建设的基础，而且是保证工程质量的关键。近几年许多造型复杂的超大、超高规模的建筑物应运而生，在这些建筑工程施工过程中，测量放线工作显得尤为重要。对测量人员来说，除了拥有丰富的测量知识和技术，拥有细致、耐心的工作态度更重要。

本书在编写过程中坚持以下原则：

1. 遵循最新标准规范对内容进行编写。本书依据《工程测量规范》（GB 50026—2007）、《建筑变形测量规范》（JGJ8—2016）、《房产测量规范 第 1 单元：房产测量规定》（GB/T 17986.1—2000）、《测绘作业人员安全规范》（CH 1016—2008）进行编写。

2. 使用方便。本书根据中级测量放线工国家职业标准编写，资料丰富、内容充实、图文并茂、项目引导、任务驱动，注重对实践能力的培养，适合现场施工人员使用。

3. 结合职业教育教学规律，合理、科学地安排每个项目的训练模块，突出实践操作。

本书由侯代敏担任主编，卢聪担任副主编。参与编写的还有：陈国超、次吉、索朗达娃、张钱增、益西康卓、张芳、索朗旺杰、洛桑顿珠、侯张宁。德吉、拉巴次仁对全书进行了校核。朱照红担任主审。

本书在编写过程中参考了大量的相关规范、书籍资料及网络资源等，并借用了部分文献，在此一并向这些专家、作者表示衷心感谢。

本书在编写过程中，由于时间仓促、编者水平有限，书中难免存在疏漏之处，敬请有关专家和广大读者予以指正。

编　者

# 目　录

# 绪 论

## 测量放线职业要求 与安全生产

## 中级测量放线工职业技能要求

### 一、放线

土建工程施工放线是从建筑物定位开始的，一直到主体工程封顶都离不开施工放线，大致分三个阶段：建筑物定位放线、基础施工放线和主体施工放线。

1. 建筑物定位放线

建筑物定位放线是建筑工程开工后的第一次放线。建筑物定位放线参加的人员有城市规划部门（下属的测量队）及施工单位的测量人员（专业的），根据建筑规划定位图进行定位，最后在施工现场形成（至少）4 个定位桩。放线工具为全站仪或比较高级的经纬仪。

2. 基础施工放线

建筑物定位桩设定后，由施工单位的专业测量人员、施工现场负责人及监理人员共同对基础工程进行放线及测量复核（监理人员主要是旁站监督、验证），最后放出所有建筑物轴线的定位桩（根据建筑物大小也可轴线间隔放线），所有轴线的定位桩是根据城市规划部门的定位桩（至少 4 个）及建筑物底层施工平面图进行放线的。放线工具为经纬仪。基础定位放线完成后，由施工现场的测量员及施工员依据定位的轴线放出基础的边线，进行基础开挖。放线工具有经纬仪、龙门板、线绳、线坠子、钢卷尺等。

3. 主体施工放线

基础工程施工确定出正负零设计标高线后，紧接着就是主体一层、二层直至主体封顶的施工及放线工作。根据轴线定位桩及外引的轴线基准线进行施工放线。用经纬仪将轴线打到建筑物上，在建筑物的施工层面上弹出轴线，再根据轴线放出柱子、墙体等边线，每层如此，直至主体封顶。放线工具有经纬仪、线坠子、线绳、墨斗、钢卷尺等。

施工放线有多种方法，条件允许的场地只要钉一次龙门桩就可以完成。一般龙门桩主要用于基础施工放线，基础完工后再把轴线及水平线引测到基础上部四大角的侧面，用墨线弹出垂直线和水平线并做出三角标记，在引测之前需用基准点校验龙门桩是否准确，这样不管放多少次线，只要以基础侧面的基点用仪器或铅垂向上引测轴线，用钢尺量测标高，这样就可以到主体封顶。

### 二、职责划分

1）测量小组负责从城市规划部门接收导线控制点、施工现场控制网的建立、楼层控制线投测、标高引测、沉降观测及其他重要部位的施工测量。测量工程师还负责对项目计量器具的管理、日常维护及检测。

2）施工员根据测量小组给定的楼层控制轴线放出柱、墙体的控制线，梁的位置线和预留、预埋位置线。

3）项目技术负责人负责对轴线控制网进行复核，项目质量员负责对施工员所施测的梁柱边线、控制线进行详细复核。

4）每楼层施工测量放线完毕，项目内部复核完成后，由项目测量工程师对施工测量结果向监理工程师进行报验，经监理工程师复核认可后才能进行上部结构施工。

### 三、基础施工测量

1. 控制网的建立

（1）场区控制网　因基础施工阶段地形变化大、地势错阶起伏，单位工程数量多，为实施有效测量控制，开工初在场区内设置由 2～4 个桩位形成的导线控制网（场区四周边及中间高处各布一点，保证通视即可），场区控制网是单位工程轴网设置的依据，控制网用全站仪进行投测。

（2）单位工程轴线控制网　单位工程轴线多且密集，根据建筑物特点选择有代表性的轴线设置轴线控制网。控制桩尽量设在开挖区外原始地坪上；另外在基坑底部及长轴线中部加密设置辅助性控制桩，以便于基础施工测量。

2. 控制桩的设置方式

所有位于土层上的控制桩点（含轴网控制点及高程控制点）均为混凝土墩埋地设置，混凝土墩截面为 300mm×300mm，深度不小于 500mm。若控制桩位于完整的基岩上，则可直接将控制点设在基岩面上。控制桩点设置完成后必须在桩的周围设置可靠、醒目的围护设施，对控制桩进行保护。

3. 基础施工测量

基础施工阶段，用经纬仪结合 50m 钢卷尺根据控制桩直接对各轴线进行投测，然后根据设计截面对各构件进行放线；用水准仪结合 5m 塔尺直接进行高程引测。因基础施工阶段控制桩往往容易遭受碰撞及受地面沉降影响移位，故在每次进行轴线投测前必须先对控制桩有无移位现象进行校核后才能施测。

### 四、标准层施工测量

1. 标准层施工时的控制网设定方式

标准层施工轴线测量主要采取内控法对轴线进行传递和引测。在首层地面上设置内控点，并在建筑物外围设置外控点。方法是精确定出矩形控制网点，各点用 100mm×100mm×10mm 预埋钢板，表面用钢锯冲上标准点并作点号标记。

2. 控制线的引测

进行上部结构施工时，在内控点位置留设 100mm×100mm 方形观测孔。在进行上部结构轴线投测时，将垂准仪架设在内控点位上向上铅直投测至各结构施工层，然后用经纬仪、钢尺对其所转点进行复核，经复核闭合后才能进行控制线及轴线的投测。结构每施工 3 层，测量小组对控制线必须进行一次复核，复核方式为采用内、外控制线相互比对方式。

### 五、高程测量

在基础施工阶段，高程测量直接用水准仪由地面上高程控制点进行引测。上部结构施工时，在首层施工完成后，将高程控制点引至外壁无遮挡的柱身上，随结构上升，测量员用50m钢卷尺将高程向上传递。楼层内用水准仪将标高转至各相关构件上。上部结构施工时每个单体建筑物高程引测基点设置数目不得少于3个，结构每施工5层，高程点由测量工程师进行一次标定。

### 六、沉降观测

1. 沉降点的设置

设置沉降观测点的数目和具体位置根据规范和设计要求确定，在图纸会审阶段，施工单位、监理单位与设计院进行协商初步确定沉降点设置方案；待基础施工完成后，根据实际地质情况进一步细化沉降观测点的设置位置。为较好地进行沉降观测，施工现场内埋设的水准基点应有利于直接引测，且数量不少于两个，每次进行沉降观测时，事先核查基准水准点是否发生异常变化，正常后才能进行施测。沉降点的埋设方式为：先将带锚固脚的钢板埋入设计观测点柱身上，并按初步设定高程埋设，待模板拆除后，精确找出高程、焊上带观测点的角钢。

2. 沉降点的测量

（1）测量工具　沉降测量由测量工程师负责，沉降观测采用水准仪和毫米分划水准尺进行。

（2）测量频次　正常施工阶段应保证每加载一次施测一次（每一结构层施工完毕观测一次）；主体结构竣工后每月观测一次；暴雨后观测一次；工程竣工交付业主使用前还需与业主共同观测一次后向业主进行沉降点的移交。

（3）观测方法　每次观测按固定后视点、观测路线进行，前后视距尽量相等，视距大约15m，以减少仪器误差影响。观测时间宜选择天气晴好的早晨或傍晚。

（4）观测记录整理　每次观测结束后，对观测成果逐点进行核对，根据本次所测高程与首次所测高程之差计算出沉降量，并将每次观测日期、建筑荷载情况标注清楚，画出时间与沉降量、荷载的关系曲线图。测量工程师必须将每次观测结果及时向项目技术负责人、监理工程师进行汇报；若出现明显沉降量的变化或不均匀沉降时，项目技术负责人还应及时与设计、勘察部门联系，确定进一步观测的方案。

## 建筑工程施工测量安全管理

### 一、一般安全要求

1）进入施工现场的作业人员，必须首先参加安全教育培训，考试合格后方可上岗作业，未经考试或考试不合格者，不得上岗作业。

2）不满18周岁的未成年工，不得从事工程测量工作。

3）作业人员服从领导和安全人员的指挥，工作时思想集中，坚守作业岗位，未经许可，不得从事非本工种作业，严禁酒后作业。

4）施工测量负责人每日上班前，必须集中本项目部全体人员，针对当天任务，结合安全技术措施内容和作业环境、设施、设备安全状况及本项目部人员技术素质、安全知识、自我保护意识及思想状态，有针对性地进行班前活动，提出具体注意事项，跟踪落实，并做好活动记录。

5）六级以上台风和下雨、下雪的天气，应停止露天测量作业。

6）作业中出现不安全险情时，必须立即停止作业，组织撤离危险区域，报告领导解决，不准冒险作业。

7）在道路上进行导线测量、水准测量等作业时，要注意来往车辆，防止发生交通事故。

## 二、施工测量安全管理

1. 测量外业安全管理

测量外业安全管理指在工程测量野外作业时，所涉及的单位、测绘工作人员、车辆、仪器设备、成果资料及生产设备的安全管理。

1）安全生产坚持"谁主管，谁负责，谁使用，谁负责"的管理原则，主要负责人为工程测量外作业生产安全的主管。工程测量项目经理为项目组的安全负责人，负责整个项目外作业现场的安全生产，是安全生产直接负责人，在生产期间，定期或者不定期地检查安全生产情况，若发现人身、车辆、设备等不安全因素及时处理整改，并制订相应的安全防范措施。

2）测量作业单位应坚持"安全第一、预防为主、综合治理"的方针，遵守《中华人民共和国安全生产法》等有关法律、法规，加强安全生产管理，确保安全生产。

3）工程测量项目组应根据项目和作业区域的实际特点，在工程测量技术设计阶段编制工程测量项目外作业安全生产作业书，指导和规范员工安全生产作业，坚持持续改进，强化责任，落实措施，保证"安全生产标准化"目标的实现。

4）工程测量外业人员应遵守安全生产管理制度和操作细则，爱护和正确使用仪器、设备、工具及安全防护装备，服从安全管理，了解其作业场所、工作岗位存在的危险因素及防范措施，外业人员还应掌握必要的野外生存、避险和相关应急技能。

5）工程测量作业人员有权利制止违章作业，拒绝违章指挥和违反劳动纪律，当工作地点出现险情时，有权立即停止作业，撤到安全地点；当险情没有得到处理不能保证人身安全时，有权拒绝作业。

2. 项目组要求

1）在特殊地区作业时，必须在出测前对外业工程测量人员进行全面的、有针对性的身体检查，以免其进入不适应的地区作业。

2）为参加外业人员配发适合外业作业环境的劳动保护用品和工具，并根据工程具体情况添置野外救生用品、药品、通信和特殊装备。

3）在危险地区作业时为参加野外作业的人员购买人身意外保险伤害。

4）在进入测区前和进行测绘生产过程中，应广泛收集测区的有关资料，了解测区有关危险因素，包括动物、植物、微生物、流行病、自然环境、人文地理、道路交通、社会治安状况，并认真进行分析，制订相应的对策，以便于指导安全生产。

每个作业组必须至少配备2台以上的通信设备，并保持设备的完整性，保持24h开机。

5）在生产和外业时，必须做好防火、防盗、防洪、防震、防泥石流等安全防范工作。外业生活应注意环境和饮食卫生。

6）测绘仪器设备的安装、运输、搬运、保管、使用应严格执行相应的管理规定。

7）测绘成果、资料应登记造册、专人保管、定期检查。

8）加强团队协作，发扬团队精神，分工不分家，既抓好本职工作，又要做好共同性的工作，形成工作合力。

3. 对作业人员要求

1）严禁单人外出作业，至少两人一组。

2）营地夜间要有长明灯，夜间野外宿营不得出帐篷。

3）不准在未知区域内的河流、湖水中洗澡、游泳。

4）在少数民族地区作业，要遵重少数民族宗教和生活习惯。

5）从事野外作业的人员要注意处理好与当地居民的关系，尊重当地居民的信仰、生活习惯和生活方式，严禁扰民。

6）在自然保护区内，不得破坏生态环境。

4. 出测、收测前的准备

1）针对测区情况，对进入测区的所有工作人员进行安全技能培训。熟练使用通信、导航定位系统等安全保障设备，掌握利用地图或地物、地貌等判定方位的方法。

2）了解测区安全方面的情况，拟定具体的安全措施。

3）按规定配发劳动防护用品，检查有关防护及装备的安全可靠性，掌握人员身体健康情况，进行必要的身体健康检查。

4）出测、收测前应制订行车计划，对车辆进行安全检查，严禁疲劳驾驶。

5）外业结束后，项目组应做好人、财、物的清查与登记工作。外业成果资料要整理打包，无用的过程中的资料数据要及时销毁，仪器设备要清洁后装箱，全面做好善后工作。

5. 仪器的安全运送

1）长途搬运仪器时，应将仪器装入专门的运输箱内，注意防震、防跌落、防撞击。

2）短途搬运仪器时，一般仪器可不用装入箱内，但一定要有专人护送，对特殊仪器设备，必须装入箱内。

3）不论长短距离运输仪器设备，均要防止日晒雨淋，放置设备的地方要安全妥当，并应清洁和干燥。

4）仪器设备装车过程中的装卸操作始终要坚持轻拿轻放，避免强烈的冲击震动。路途比较颠簸时，应采取措施将仪器箱固定。

6. 仪器的使用与维护

1）仪器开箱前，应将仪器箱平放在地上，严禁手提或者怀抱着仪器开箱，以免仪器在开箱时落地损坏。

2）架设仪器时，先将三脚架架稳并大致对中，然后放上仪器，拧紧中心连接螺旋。

3）对仪器要小心轻放，避免强烈的冲击震动，安置仪器前应检查三脚架的牢固性。作业过程中仪器要随时有人防护，以免造成重大损失。

4）仪器在搬动时，根据搬动距离的远近，道路情况及周围环境等决定仪器是否要装箱。搬动时，应把仪器的所有制动螺旋略微拧紧，但不要拧得太紧，目的是仪器万一受到碰撞时，还有转动的余地，以免仪器受伤或者损坏。

5）在野外使用仪器时，必须采取措施遮阳，也要避免灰沙水雨的侵袭。

6）仪器任何部分若发生故障，不应勉强继续使用，要立即检修，否则将会使仪器损坏加剧。

7）光学元件应保持清洁，如沾染灰尘必须用毛刷或者柔软的擦镜纸清除，禁止用手指抚摸仪器的任何光学元件表面。

7. 测量内作业安全管理

测量单位应分析、评估内作业生产环境的情况，制订生产安全细则，确保安全生产。

1）照明、噪声、辐射应符合作业要求。

2）作业场地中不得随意拉设电线，防止电线、电源漏电。通风、取暖、空调、照明等用电设施有专人管理、检修。

3）作业场所应按照规定配备灭火器具。

4）禁止在作业场所吸烟及使用明火取暖，禁止超负荷用电。

5）作业前要认真检查所要操作的仪器设备是否处于安全状态。

6）作业场地应配备必要的安全标志，且保证标志完好、清晰。

7）禁止在作业场所吸烟、使用明火取暖；严禁携带易燃、易爆物品进入作业场所。

### 三、变形测量安全管理

1）进入施工现场必须佩戴好安全用具，戴好安全帽并系好帽带；不得穿拖鞋、短裤及宽松衣物进入施工现场。

2）在场内、场外道路进行作业时，要注意来往车辆，防止发生交通事故。

3）作业人员处在建筑物边沿等可能坠落的区域应佩戴好安全带，并挂在牢固位置，未到达安全位置不得松开安全带。

4）在建筑物外侧区域立尺等作业时，要注意作业区域上方是否交叉作业，防止上方坠物伤人。

5）在进行基坑边坡位移观测作业时，必须佩戴安全带并挂在牢固位置，严禁在基坑边坡内侧行走。

6）在进行沉降观测点埋设作业前，应检查所使用的电气工具，如电线橡皮套是否开裂、脱落等，检查合格后方可进行作业。

7）观测作业时拆除的安全网等安全设施应及时恢复。

## 复习巩固

**简答题**

1. 土建工程施工放线一般分为哪几个阶段？

2. 基础施工测量的一般步骤有哪些？

3. 沉降测量一般包括哪几个问题？

4. 建筑工程施工测量的一般安全要求有哪些？

5. 室外测量作业时，应该注意哪些问题？

6. 变形测量作业时，应注意哪些问题？

# 项目一

# 测量学基础知识与
# 建筑工程识图

## 项目导入

掌握测量学基本概念、任务及工作原则，制图标准作用，能够应用制图标准的基本规定作图，掌握平面图形作图方法和尺寸标注，培养实践的观点、科学思考方法及认真细致的工作作风，培养良好的工程意识。

## 相关知识

### 一、测量学基础知识

测量学是一古老的地球科学，而今测量学已经发展为一门多方面的综合科学，通常叫作测绘科学。测绘科学研究的对象主要是地球的形状、大小和地表面上各种物体的几何形状及其空间位置，目的是为人们了解自然和改造自然服务。

测量学可以分为以下几类。

（1）地形测量学　可以把地球表面上一个小区域当作平面看待而不考虑地球的曲率。地形测量学研究的内容可以用文字和数字记录下来，也可用图表示。

（2）大地测量学　研究的对象是地表上一个较大的区域甚至整个地球时，就必须考虑地球的曲率，其基本任务是建立国家大地控制网，测定地球形状、大小和研究地球重力场。

（3）摄影测量学　摄影测量学是利用摄影相片来研究地表形状和大小的测绘科学。

（4）工程测量学　工程测量学指建设工程等方面的测绘工作。主要任务有三方面，即地面到图纸、图纸到地面及变形观测。

（5）制图学　利用测量所得的资料，研究如何投影编绘成地图，以及地图制作的理论、工艺技术和应用等方面的测绘科学是制图学的范畴。

### 二、测量工作的任务

测量工作的根本任务是确定地面点位置及高程。地球表面上的点称为地面点。地面点位置是指空间位置，能够用平面位置和高程表示出来。

1. 地面点平面位置的确定

地面点的平面位置是指地面点沿铅垂线在投影面上的投影位置，可以用大地坐标或平面直角坐标表示。

（1）大地坐标系　大地坐标系是大地测量中以参考椭球面为基准面建立起来的坐标系。

地面点的位置用大地经度、大地纬度和大地高度表示。

（2）平面直角坐标系　在同一个平面上互相垂直且有公共原点的两条数轴构成平面直角坐标系，简称直角坐标系。通常两条数轴分别置于水平位置与垂直位置，取向右与向上的方向分别为两条数轴的正方向。水平的数轴叫作 $x$ 轴或横轴，垂直的数轴叫作 $y$ 轴或纵轴，$x$ 轴、$y$ 轴统称为坐标轴，它们的公共原点 $O$ 称为直角坐标系的原点，如图 1-1a、b 所示。

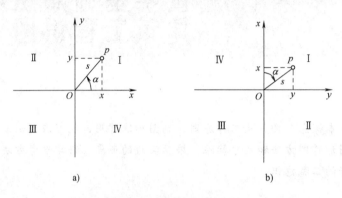

图 1-1　平面直角坐标系

a）测量平面直角坐标系　b）数学平面直角坐标系

2. 地面点高程位置的确定

地球上自由静止的水面称为水准面。水准面有无数个，其中一个与平均海水面相吻合，并向大陆、岛屿延伸形成闭合曲面，称为大地水准面，如图 1-2 所示。与水准面相切的平面称为水平面。

水准面、水平面和铅垂线是测量工作的基准面和线。

地面点到高程基准面的铅垂距离称为地面点的高程。

3. 确定地面点位的三个基本要素

水平距离、水平角和高程是确定地面点位的三个要素。测角、测边、测高差是测量的三项基本工作。测、绘是测量的基本技能。

图 1-2　大地水准面

### 三、测量工作的原则和程序

无论是测绘地形还是施工放样，都不可避免地会产生误差，甚至还会产生错误，为了限制误差的传递，保证测区内一系列点位之间具有必要的精度，测量工作必须遵循"从整体到局部、先控制后碎部、由高级到低级"的原则进行。

测量工作的程序分为控制测量和碎步测量两步。在整个测区内，选择若干个起控制作用的点 1、2、3 等为控制点，用较精密的仪器和方法，精确地测定各个控制点的平面位置和高程位置的工作称为控制测量。这些控制测量精度高，均匀地分布在整个测区。因此，控制测量是高度精密的测量，也是带全局性的测量。以控制点为依据，用低一级精度测定其周围局部范围的地物和地貌特征点，称为碎步测量。碎步测量是控制测量低一级的测量，是局部的测量。碎步测量由于是在控制测量的基础上进行的，因此碎步测量的误差就局限在控制点的周围，从而控制了误差的传播范围和大小，保证了整个测区的测量精度。

施工测量首先是对施工场地布设整体控制网，用较高的精度测设控制网点的位置，然后在控制网的基础上，再进行局部轴线尺寸和高低的定位测设，其精度较低。

遵循测量工作的原则和程序，不但可以减少误差的累积和传递，而且还可以在几个控制点上同时进行工作，既加快了测量的进度，缩短了工期，又节约了开支。

测量工作有外业和内业之分，测定地面点位置的角度测量、水平测量、高差测量是测量的基本工作，称为外业。将外业进行整理、计算（坐标计算、高程计算）、绘制成图，称为内业。在测定工作中，首先要取得实地野外外观观测资料、数据，然后进行室内计算、整理，绘制成图，要按"先外业，后内业"的顺序进行工作。在建筑工程施工测定工作中，首先要按照施工图上所确定的数据和资料，在室内计算出测设所需要的放样数据，然后再到施工场地按测设数据把具体点位放样到施工作业面上，并做出标记，作为施工的依据。

为了防止出现错误，在外业和内业工作中，还必须遵循另一个基本原则，即"边工作边校核"，用检验的数据说明测量成果的合格和可靠。如果实际观测数据有误或者计算有误必须返工，重新观测或计算，必须保证各个环节正确。

### 四、建筑识图的基本知识

#### 1. 建筑制图相关标准简介

为统一建筑制图的规范化、标准化，提高制图效率，做到图面清晰、简明，符合设计、施工要求，适应工程建设的需要，住房和城乡建设部发布了《房屋建筑制图统一标准》（GB/T 50001—2010）此标准适用于总图及建筑图等相关制图。

#### 2. 图纸目录及编排顺序

每项建筑工程图纸少则几张、几十张，多则上百张，为方便使用及查找，对图纸进行分类，标图名及序号，将这些情况都表示在图纸目录里，见表1-1。

表 1-1　图纸目录

| ×××建筑设计院 | | 图纸目录 | | 设计阶段:×××× | |
|---|---|---|---|---|---|
| 设计编号: | | 工程名称 | | 版本号:　× | |
| | | | | 日期:××年×月×日 | |
| 序号 | 名称 | 图号 | 图幅 | 页次 | 备注 |
| 1 | 封面 | | | | |
| 2 | 封里 | | | | |
| 3 | 目录 | | | | |
| 4 | 设计说明 | | | | |
| 5 | 首层平面图 | 建-01 | A2 | | |
| 6 | 二层平面图 | 建-02 | A2 | | |
| 7 | 立面图、剖面图 | 建-03 | A2 | | |
| 8 | 顶层平面图 | 建-04 | A2 | | |

为迅速找到所需图纸，了解图纸总数及类别，必须先阅读设计图纸目录。

（1）图纸目录　图纸目录包括建设单位；设计单位与设计编号、工程名称、图纸类别、图纸名称、图号及图纸幅面等。目前图纸目录是由各个设计单位自行制订的。

（2）图纸编排顺序　工程图纸应按专业顺序编排。一般为图纸目录、总图、建筑图、结构图、给排水图、暖通空调图、电气图等。

3. 图纸幅面

图纸幅面采用 A0、A1、A2、A3、A4 四种标准，以 A1 图纸为主。图纸幅面及图框尺寸规格见表1-2。

表 1-2　图纸幅面及图框尺寸

| 幅面代号<br>尺寸代号 | A0 | A1 | A2 | A3 | A4 |
|---|---|---|---|---|---|
| $b×l$/mm | 841×1189 | 594×841 | 420×594 | 297×420 | 210×297 |
| $c$/mm | 10 | | | 5 | |
| $a$/mm | 25 | | | | |

注：$b$ 为幅面短边尺寸，$l$ 为幅面长边尺寸，$c$ 为图线框与幅面线间宽度，$a$ 为图框线与装订边间宽度。

（1）图纸格式　图纸上限定绘图区域的线框称为图框，图框用粗实线绘制。其格式分为留装订边和不留装订边两种，但同一工程的图样只能采用一种格式。

（2）图纸幅面形式　图纸幅面形式分为横式和立式两种，其中以短边作为垂直边的称为横式，以短边作为水平边的称为立式。一般 A0～A3 图纸宜使用横式，必要时也可使用立式。图纸幅面装订格式如图 1-3a、b 所示。

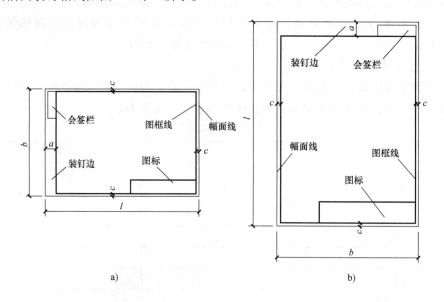

图 1-3　图纸幅面装订格式

a）A0～A3 横式幅面图　b）A0～A3 立式幅面图

4. 标题栏

图纸中应有标题栏、图框线、幅面线、装订边。图纸标题栏应在图纸的右下角，如图1-4所示。

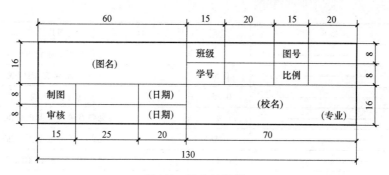

图 1-4　学生标题栏

5. 比例

因图纸的幅面有限，一般图样不可能按实际尺寸进行绘制。需按一定的比例缩小或放大的过程。建筑图制图常用比例见表 1-3。

表 1-3　建筑图制图常用比例

| 图　名 | 比　例 |
|---|---|
| 建筑物或构筑物的平面图、立面图、剖面图 | 1：50、1：100、1：150、1：200、1：300 |
| 建筑物或构筑物的局部放大图 | 1：10、1：20、1：25、1：30、1：50 |
| 配件及构造详图 | 1：1、1：2、1：5、1：10、1：15、1：20、1：25、1：30、1：50 |

建筑结构制图比例见表 1-4。

表 1-4　建筑结构制图比例

| 图　名 | 常用比例 | 可用比例 |
|---|---|---|
| 结构平面图<br>基础平面图 | 1：50、1：100、1：150 | 1：60、1：200 |
| 圈梁平面图、总图中管沟、地下设施等 | 1：200、1：500 | 1：300 |
| 详图 | 1：10、1：20、1：50 | 1：5、1：25、1：30 |

6. 图线用途及类型

为了在工程图样上表示出图中的不同内容，并且能够分清主次，绘图时，必须选用不同的线型和不同线宽的图线。

线型有实线、虚线、单点长画线、双点长画线、折断线和波浪线等，其中有些线型还分粗、中、细三种。各种线型的规定及其一般用途详见表 1-5。

7. 图纸的字体

字体的书写要求笔画清晰、字体端正、排列整齐。图纸上的汉字宜采用长仿宋体（见图 1-5），字的高与宽的关系，应符合表 1-6 的要求。

表 1-5　线型及用途

| 名称 | | 线型 | 线宽 | 一般用途 |
|---|---|---|---|---|
| 实线 | 粗 | —————— | $b$ | 主要可见轮廓线 |
| | 中 | —————— | $0.5b$ | 可见轮廓线、尺寸线、变更云线 |
| | 细 | —————— | $0.25b$ | 图例填充线 |

（续）

| 名称 | | 线型 | 线宽 | 一般用途 |
|------|------|------|------|---------|
| 虚线 | 粗 |  | $b$ | 见各有关专业制图标准 |
| | 中 |  | $0.5b$ | 不可见轮廓线、图例线 |
| | 细 |  | $0.25b$ | 图例填充线 |
| 单点长画线 | 粗 |  | $b$ | 见各有关专业制图标准 |
| | 中 |  | $0.5b$ | 见各有关专业制图标准 |
| | 细 |  | $0.25b$ | 中心线、对称线、轴线等 |
| 双点长画线 | 粗 |  | $b$ | 见各有关专业制图标准 |
| | 中 |  | $0.5b$ | 见各有关专业制图标准 |
| | 细 |  | $0.25b$ | 假想轮廓线、成型前原始轮廓线 |
| 折断线 | | 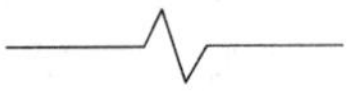 | $0.25b$ | 断开界线 |
| 波浪线 | |  | $0.25b$ | 断开界线 |

表 1-6  长仿宋体字体高宽关系

| 类别 | 尺寸/mm | | | | | |
|------|------|------|------|------|------|------|
| 字高 | 20 | 14 | 10 | 7 | 5 | 3.5 |
| 字宽 | 14 | 10 | 7 | 5 | 3.5 | 2.5 |

工 业 民 用 建 筑 厂 房 屋 平 立 剖 面 详 图
结 构 施 说 明 比 例 尺 寸 长 宽 高 厚 砖 瓦
木 石 土 砂 浆 水 泥 钢 筋 混 凝 截 校 核 梯
门 窗 基 础 地 层 楼 板 梁 柱 墙 厕 浴 标 号
制 审 定 日 期 一 二 三 四 五 六 七 八 九 十

图 1-5  长仿宋字示例

8. 尺寸

尺寸由尺寸界限、尺寸起止符号、尺寸数字、尺寸线组成，如图 1-6 所示。

9. 符号

符号是来对图样进行说明或表示图样与其他图样的关系等，下面介绍几种符号的用途与含义。

（1）剖切符号  剖视的剖切符号由剖切位置线、剖视方向线组成，均应粗实线绘制（见图 1-7）。剖切位置线长度为 6~10mm，剖视方向线垂直于剖切位置线，长度应为 4~6mm。

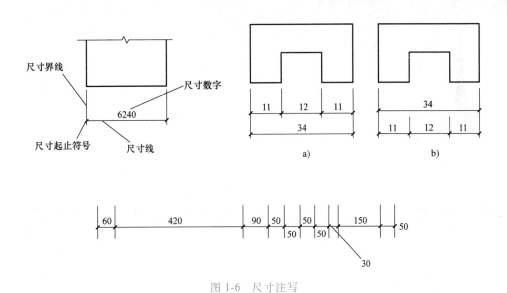

图 1-6　尺寸注写

a）正确　b）错误

（2）索引符号与详图符号　一套图纸包括很多图样，图样中某一局部或构件，如需另见详图，应以索引符号索引（见图 1-8）。

索引符号用于剖面详图，应在被剖切的部位绘制剖切位置线，并以引出线引出索引符号，引出线所在的一侧应为剖视方向。

（3）指北针　在总图和首层的建筑平面上，为表示建筑物的朝向，一般都画有指北针，用细实线绘制，圆的直径为 24mm，如图 1-9 所示。

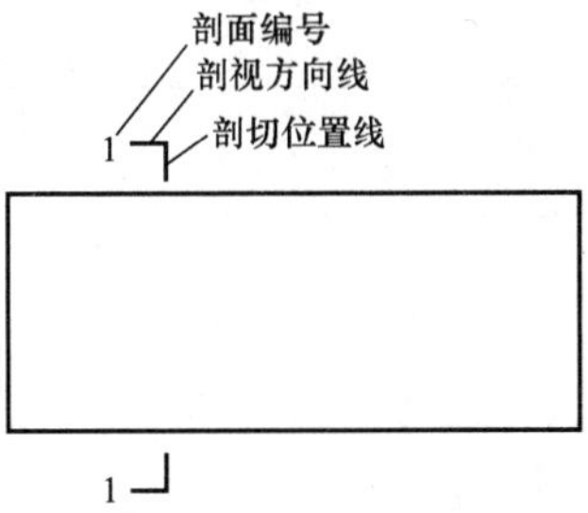

图 1-7　剖切符号图

（4）标高符号　标高符号指图纸上表示建筑物各部分或各个位置高度的符号，以直角等腰三角形表示，其标注方法如图 1-10 所示。

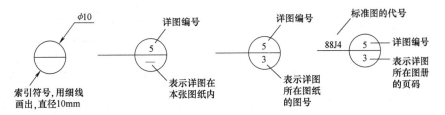

图 1-8　索引符号与详图符号

10. 常用的图例符号

为了简化作图，在建筑施工图图纸上房屋的某些细部构造无法也无必要按真实形状画出，而采用示意图性符号来表达，这些符号称为图例，见表 1-7。表 1-8、表 1-9 分别为建筑材料图例、施工图图例。

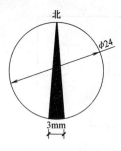

图 1-9　指北针

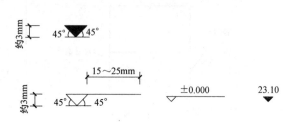

图 1-10　标高标注

表 1-7　建筑总平面图图例

| 名　称 | 图　例 | 说　明 | 名　称 | 图　例 | 说　明 |
|---|---|---|---|---|---|
| 新建建筑物 | 8 | 1. 用粗实线表示，需要时，用▲表示出入口<br>2. 需要时可在图形内右上角用点数或数字表示层数 | 拆除的建筑物 | | 用细实线表示 |
| 原有建筑物 | | 用细实线表示 | 建筑物下面的通道 | | |
| 计划扩建的预留地或建筑物 | | 用中粗虚线表示 | 散状材料露天堆场 | | 需要时可注明材料名称 |
| 其他材料露天堆场或露天作业场 | | | 室内标高 | 151.00(±0.00) | |

表 1-8　建筑材料图例

| 名　称 | 图　例 | 说　明 | 名　称 | 图　例 | 说　明 |
|---|---|---|---|---|---|
| 自然土壤 | | 包括各种自然土壤 | 砂砾石、碎砖三合土 | | |
| 夯实土壤 | | | 石材 | | |
| 砂、灰土 | | 靠近轮廓线绘较密的点 | 毛石 | | |

（续）

| 名称 | 图例 | 说　明 | 名称 | 图例 | 说　明 |
|---|---|---|---|---|---|
| 混凝土 |  | 1. 本图例指能承重的混凝土及钢筋混凝土 2. 包括各种强度等级、骨料添加剂的混凝土 3. 在剖面图上画出钢筋时，不画图例线 4. 断面图形小，不易画出图例线时，可涂黑 | 木材 | 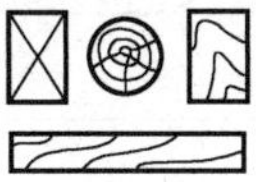 | 1. 上图为横断面，上左图为垫木、木砖或木龙骨 2. 下图为纵断面 |
| 钢筋混凝土 | 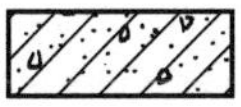 | | 玻璃 |  | 包括平板玻璃、磨砂玻璃、夹丝玻璃、钢化玻璃、中空玻璃、加层玻璃、镀膜玻璃等 |
| 多孔材料 | 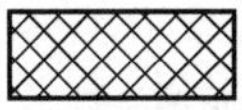 | 包括水泥珍珠岩、沥青珍珠岩、泡沫混凝土、非承重加气混凝土、软木、蛭石制品等 | 普通砖 | 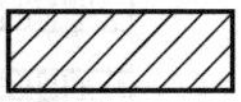 | 包括实心砖、多孔砖、砌块等砌体 |

表 1-9　施工图图例

| 名　称 | 图　例 | 说　明 |
|---|---|---|
| 单层固定窗 | 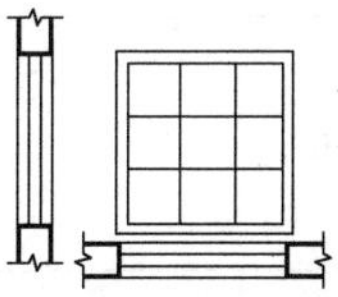 | 窗的立面形式应按实际情况绘制 |
| 单层外开上悬窗 | 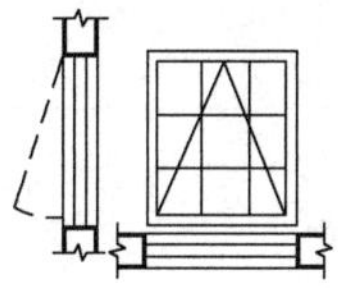 | 立面图中的斜线表示窗的开关方向，实线为外开，虚线为内开 |
| 中悬窗 | 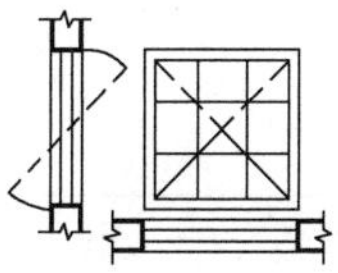 | 立面图中的斜线表示窗的开关方向，实线为外开，虚线为内开 |
| 单层外开平开窗 | 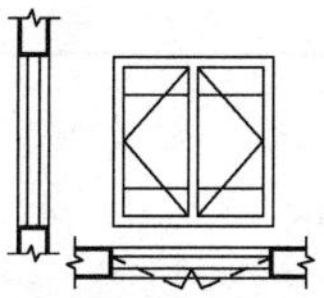 | 立面图中的斜线表示窗的开关方向，实线为外开，虚线为内开 |

（续）

| 名　称 | 图　例 | 说　明 |
|---|---|---|
| 高窗 | 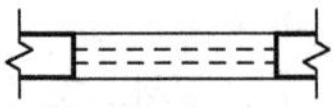 | 用于平面图中 |
| 墙上预留孔 | 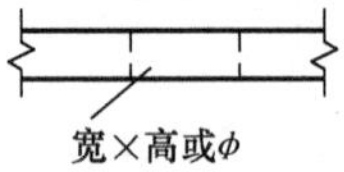 宽×高或φ | 用于平面图中 |
| 墙上预留槽 | 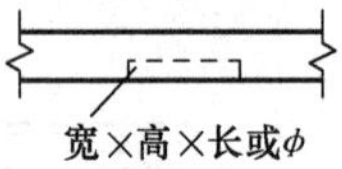 宽×高×长或φ | 用于平面图中 |
| 楼梯 | 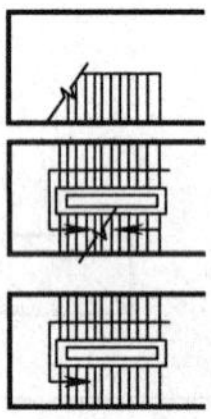 | 1. 上图为首层楼梯平面,中图为中间层楼梯平面,下图为顶层楼梯平面<br>2. 楼梯的形式及步数应按实际情况绘制 |
| 坡道 | 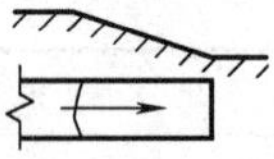 | |
| 空门洞 | 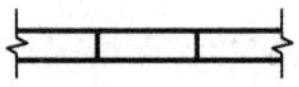 | 用于平面图中 |
| 单扇门（平开或单面弹簧） | 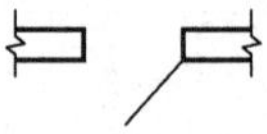 | 用于平面图中 |
| 单扇双面弹簧门 | 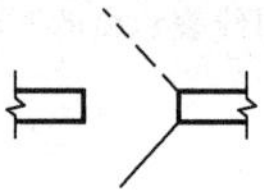 | 用于平面图中 |
| 双扇门（包括平开或单面弹簧） |  | 用于平面图中 |
| 对开折叠门 | 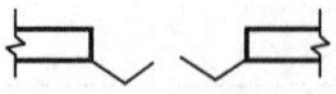 | 用于平面图中 |
| 双扇双面弹簧门 | 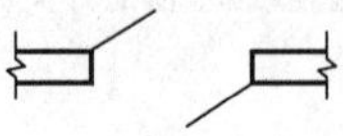 | 用于平面图中 |

（续）

| 名　称 | 图　例 | 说　明 |
|---|---|---|
| 检查孔 | ⊠　⊡ | 左图为可见检查孔,右图为不可见检查孔 |

**11. 建筑投影图**

（1）投影的形成　在制图中,把光源称为投影中心,光线称为投射线,光线的射向称为投射方向,落影的平面（如地面、墙面等）称为投影面,影子的轮廓称为投影,用投影表示物体的形状和大小的方法称为投影法,用投影法画出的物体图形称为投影图,如图 1-11 所示。

（2）投影分类　投影分为中心投影和平行投影。

中心投影：由同一点（点光源）发出的光线形成的投影叫作中心投影,如图 1-12 所示。

平行投影：投射线相互平行,又分正投影（见图 1-13）和斜投影（见图 1-14）。

图 1-11　投影的形成

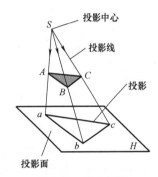

图 1-12　中心投影

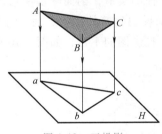

图 1-13　正投影

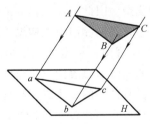

图 1-14　斜投影

（3）建筑工程中常用投影图　在建筑工程中常用的投影图有：正投影图,轴测图,透视图,标高投影图。

1）正投影图：利用正投影的方法,把形体投射到两个或两个以上相互垂直的投影面,再按一定规律把这些投影面展开成一个平面,便得到正投影图,正投影能反映形体的真实形状和大小,度量性好,作图简便,是工程制图中常用的一种投影图。

正投影的三个相互垂直的投影面,即水平面（$H$）、正立面（$V$）、侧立面（$W$）,将物体放在空间中分别向三投影面进行投射,从上往下投射,在水平面形成平面图;从左往右投射,在侧面上形成侧立面图;从前往后投射,在正立面上形成正立面图;如图 1-15 所示。

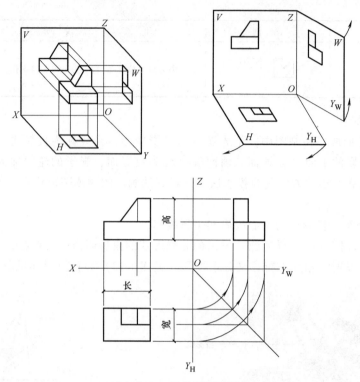

图 1-15　三面投影图的形成

2）轴测图：用平行投影法将物体连同确定该物体的直角坐标系一起沿不平行于任一坐标平面的方向投射到一个投影面上，所得到的图形，称作轴测图。轴测图是一种单面投影图，在一个投影面上能同时反映出物体三个坐标面的形状，并接近于人们的视觉习惯，形象、逼真，富有立体感。但轴测图一般不能反映出物体各表面的实形，因而度量性差，同时作图较复杂。因此，在工程上常把轴测图作为辅助图样，来说明建筑的结构、使用等情况。在设计中，用轴测图帮助构思、想象物体的形状，以弥补正投影图的不足，如图 1-16 所示。

3）透视图：根据透视原理绘制的具有近大远小特征的图像，以表达建筑设计的意图，透视图形逼真，具有良好的立体感，符合人的视觉习惯，常作为设计方案的比较和外观表现，如图 1-17 所示。

4）标高投影图：标高投影图是一种单面正投影图，多用来表达地形及复杂曲面，它是假象用一组高差相等的水平面切割地面，将所得的一系列交线（称等高线）投射在水平投影上，并用数字标出这些等高线的高程而得到的投影图（常称地形图），如图 1-18 所示。

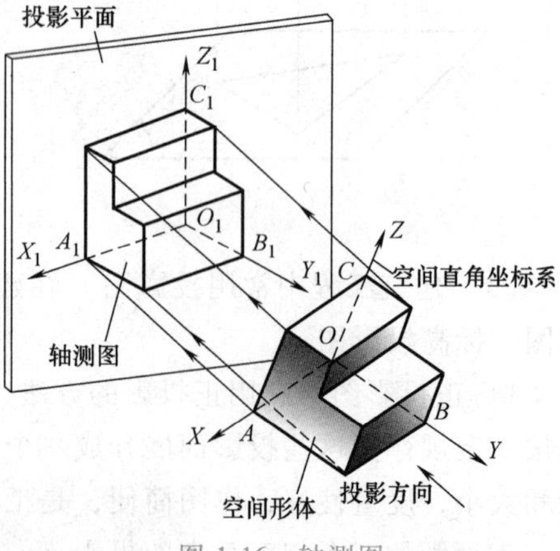

图 1-16　轴测图

12. 施工图

施工图主要用来表示房屋的规划位置、外部造型、内部布置、内外装修、细部构造、固定设施及施工要求等。它包括施工图首页、总平面

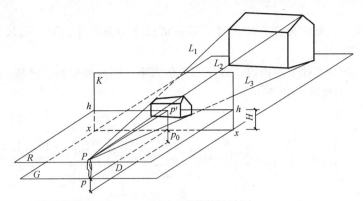

图 1-17　透视图

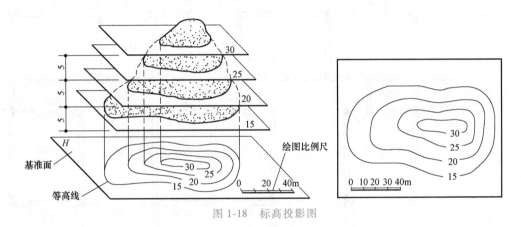

图 1-18　标高投影图

图、平面图、立面图、剖面图和详图。

## 技能训练

### 任务一　建筑平面图的绘制方法和步骤

1. 任务目的

熟悉建筑平面图上各种符号的绘制方法。

2. 任务准备

A2 画板及各种绘图工具。

3. 任务实施

1）选比例定图幅进行图面布置，根据房屋的复杂程度及大小，选定适当比例，确定幅面的大小，同时留出注写尺寸、符号和有关文字说明的位置。

2）绘制墙身定位轴线及柱网。

3）绘制墙身轮廓线、柱子、门窗洞口等各种建筑构配件。

4）绘制楼梯、台阶、散水等细部。

5）检查全图无误后，擦去多余线条，按建筑平面图的要求加深加粗线条，并进行门窗编号。

6）尺寸标注。一般应标注三道尺寸，第一道尺寸为总尺寸，第二道尺寸为轴线尺寸，第三道尺寸为细部尺寸。

7）图名、比例及其他文字内容。汉字写长仿宋字，字形要工整，清晰。

完成后的平面图如图 1-19 所示。

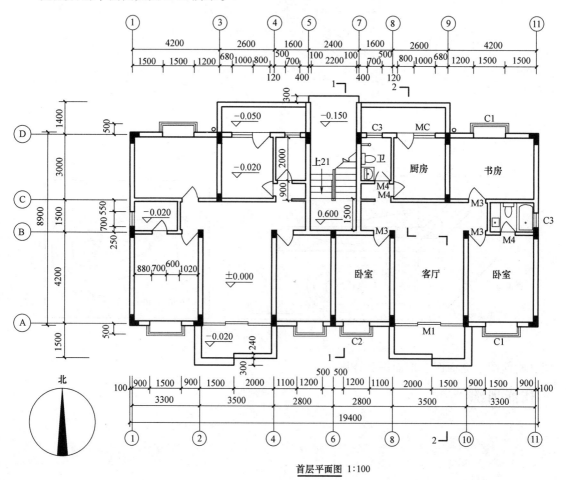

**首层平面图** 1:100

图 1-19　首层平面图

---

## 任务二　总平面图绘制

### 1. 任务目的

总平面图主要表示整个建筑基地的总体布局，具体表达新建房屋的位置、朝向及周围环境（原有建筑、交通道路、绿化、地形等）的基本情况。

### 2. 任务准备

A2 画板及各种绘图工具

### 3. 任务实施

1）设定绘图图幅及比例。

2）设定好坐标原点，确定好图纸坐标与测量点位置的坐标关系。

3）根据坐标值和设计，依据文件中规定的位置关系绘制建筑红线图。

4）绘制已建建筑或构筑物的平面图和已有道路布置图。

5）坐标定位新建建筑的平面图和新建道路布置图。

6）绘制绿化和其他设施的布置图，如停车坪、运动场地等。

7）填充图样，若规范未规定的图样要单独绘制图例并注明。

8）标注文字、坐标及尺寸，并绘制风玫瑰图或指北针。

9）填写图框标题栏。

绘制完成的总平面图，如图 1-20 所示。

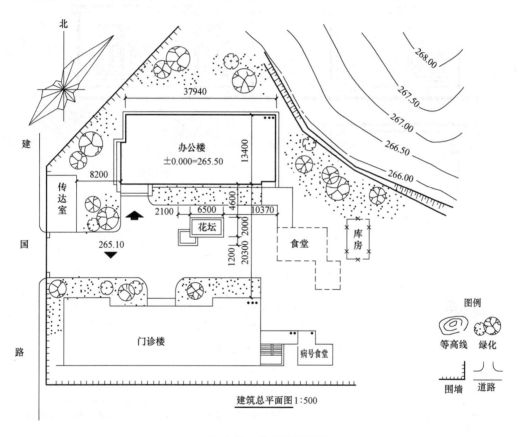

图 1-20　建筑总平面图

## //知识拓展

### 建筑立面图

建筑立面图是投影面平行于建筑物各个外墙面的正投影图。

建筑立面图主要反映房屋的总高度、檐口及屋顶的形状、门窗的形式与布置，室外台阶、雨篷等的形状及位置。另外，还常用文字表明各部分的建筑材料及做法。

在建筑立面图中，把反映主要出入口或房屋主要外貌特征的一面称为正立面图，其余的称为背立面图、左侧立面图、右侧立面图。按房屋的朝向来命名可分为：南立面图、北立面图、西立面图、东立面图，如图 1-21 所示。

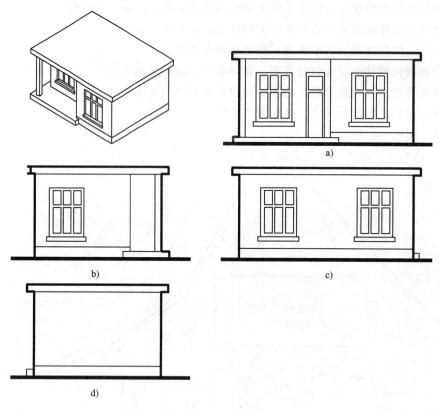

图 1-21　建筑立面图

a）南立面图　b）西立面图　c）北立面图　d）东立面图

## 项目评价

本项目的评价方法、评价内容和评价依据见表 1-10。

表 1-10　项目评价（一）

| 评价方法 | | |
|---|---|---|
| 采用多元评价法，教师点评、学生自评、互评相结合。观察学生参与、聆听、沟通表达自己看法、投入程度、完成任务情况等方面 | | |

| 评价内容 | 评价依据 | 权重 |
|---|---|---|
| 知识 | 1. 理解测量学工作任务、制图相关标准<br>2. 掌握地面点位置确定的三要素，绘图的一般方法<br>3. 掌握检查的方法 | 40% |
| 技能 | 1. 能按要求绘制建筑平面图、基础平面图、建筑总平面图<br>2. 能进行高程之间的换算 | 40% |
| 学习态度 | 1. 是否出勤、预习<br>2. 是否遵守安全纪律，认真倾听教师讲述，观察教师演示<br>3. 是否按时完成学习任务 | 20% |

## 复习巩固

### 一、单项选择题

1. 通常认为，代表整个地球的形状是（　　）所包围的形体。

A. 水准面　　B. 参考椭球面　　C. 大地水准面　　D. 似大地水准面

2. 地面上某一点到大地水准面的铅垂距离是该点的（　　）。

A. 绝对高程　　B. 相对高程　　C. 正常高　　　D. 大地高

3. 地面上某一点到任一假定水准面的垂直距离称为该点的（　　）。

A. 绝对高程　　B. 相对高程　　C. 高差　　　　D. 高程

4. 测量上使用的平面直角坐标系的坐标轴是（　　）

A. 南北方向的坐标轴为 $Y$ 轴、向北为正；东西方向为 $X$ 轴，向东为正

B. 南北方向的坐标轴为 $Y$ 轴、向南为正；东西方向为 $X$ 轴，向西为正

C. 南北方向的坐标轴为 $X$ 轴、向北为正；东西方向为 $Y$ 轴，向东为正

D. 南北方向的坐标轴为 $X$ 轴、向南为正；东西方向为 $Y$ 轴，向西为正

5. 由测量平面直角坐标系的规定可知（　　）

A. 象限与数学平面直角坐标象限编号及顺序方向一致

B. $X$ 轴为纵坐标轴、$Y$ 轴为横坐标轴

C. 方位角由纵坐标轴逆时针测 $0 \sim 360°$

D. 直线的方向是以横坐标轴的东方向为起始方向

6. 测量学是研究地球形状和大小，以及确定地面点（　　）位置的科学。

A. 平面　　B. 高程　　　　C. 空间　　　　D. 曲面

7. 在测量工作中，应用（　　）作为高程基准面。

A. 水平面　　B. 水准面　　　C. 斜平面　　　D. 竖平面

### 二、名词解释

1. 什么是测定？

2. 什么是测设？

3. 什么是水平面和大地水准面？

# 项目二

# 水准测量

## 项目导入

测量地面上各点高程的工作，称为高程测量。由于所使用的仪器和施测方法的不同，高程测量可分为水准测量、三角高程测量、气压高程测量和 GPS 高程测量。由于水准测量精度较高，是工程上最常用的方法。本项目主要介绍水准测量的原理、水准仪的构造与使用、水准测量的施测方法、水准仪的检验与校正、水准测量的误差等内容。

## 相关知识

### 一、水准测量原理

水准测量是高程测量精度最高的一种方法。水准测量是运用几何原理，由水准仪提供一条水平视线，测出两点之间的高差，再根据已知点高程计算出待测点的高程。

如图 2-1 所示，$A$ 点的高程为 $H_A$，欲测 $B$ 点的高程 $H_B$。在 $A$、$B$ 两点的中间安置一台水准仪，同时分别在 $A$、$B$ 两点上各竖立一根水准尺，通过水准仪望远镜分别读取水平视线在 $A$、$B$ 两点上的水准尺读数。前进方向由 $A$ 点到 $B$ 点，则规定 $A$ 为后视点，其标尺读数 $a$ 称为后视读数；规定 $B$ 为前视点，其标尺读数 $b$ 称为前视读数。则根据几何学关系性质可知，$A$ 点到 $B$ 点的高差或 $B$ 点相对于 $A$ 点的高差为

$$h_{AB} = a-b \tag{2-1}$$

则 $B$ 点的高程为

$$H_B = H_A + h_{AB} \tag{2-2}$$

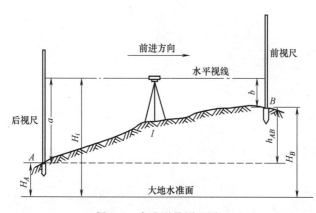

图 2-1　水准测量原理图

1. 高差法

用式（2-2）计算待测点的高程 $H_B$，称为高差法。这是水准测量基本原理公式，当已知点距待测点较远时，需要在中间设置若干转点，重复式（2-2）计算高差。

2. 视线高法

在地形测量和各种工程施工测量中，安置一次仪器常常要求出若干个前视点的高程。这时为了便于计算，可以先求出水准仪提供的水平视线的高程（简称视线高程 $H_i$），再分别计算各未知点的高程。

视线高程为

$$H_i = H_A + a \tag{2-3}$$

待测点高程为

$$H_B = H_i - b \tag{2-4}$$

用式（2-4）计算待测点的高程 $H_B$，称为视线高程法。

高差有正负号之分，$a > b$ 时，$h_{AB} > 0$，此时 $B$ 点比 $A$ 点高；反之，$B$ 点比 $A$ 点低。若测定两点之间高差时，观测方向相反，则所测高差理论上数值相等，但符号相反，即 $h_{AB} = -h_{BA}$。

## 二、水准测量的仪器和工具

水准测量常用的工具有水准仪、水准尺和尺垫。

1. 水准仪的类型

水准仪是进行水准测量的主要仪器，它可以提供水准测量所必需的水平视线。目前通用的水准仪从构造上可分为：微倾式水准仪、自动安平水准仪、数字水准仪。我国将水准仪按其精度划分为 5 个等级：$DS_{05}$、$DS_1$、$DS_3$、$DS_{10}$、$DS_{20}$。字母 D 和 S 分别为"大地测量"和"水准仪"汉语拼音的第一个字母，其后面的数字代表仪器的测量精度。工程测量中广泛使用的是 $DS_3$ 级水准仪。05、1、3、10、20 指该仪器精度为每公里往返测高差中误差（mm）的大小，其型号和主要用途见表 2-1。

表 2-1  水准仪的型号及用途

| 水准仪型号 | $DS_{05}$ | $DS_1$ | $DS_3$ | $DS_{10}$ | $DS_{20}$ |
|---|---|---|---|---|---|
| 每千米往返测高差中误差 | ≤0.5mm | ≤1mm | ≤3mm | ≤10mm | ≤20mm |
| 主要用途 | 国家一等水准测量及科学研究工作 | 国家二等水准测量及其他精密水准测量 | 国家三、四等水准测量及一般工程水准测量 | 一般工程水准测量 | 建筑和农田水准测量 |

2. 微倾水准仪

如图 2-2 所示，为常用 $DS_3$ 型微倾水准仪，其由望远镜、水准器、基座三部分构成。

（1）望远镜的组成及其成像原理  望远镜主要是由物镜、十字丝分划板、物镜调焦透镜、目镜等组成，如图 2-3 所示。物镜的作用是使物体在物镜的另一侧构成一个倒立的实像，目镜的作用是使这一实像在同一侧形成一个放大的虚像，如图 2-4 所示。十字丝是照准尺子和读数用的。它是刻在玻璃板上的两条相互垂直的细丝，竖向的一条称为竖丝，横向的

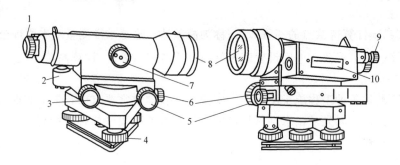

图 2-2  DS$_3$ 型微倾水准仪

1—目镜对光螺旋  2—圆水准器  3—微倾螺旋  4—脚螺旋  5—水平微动螺旋

6—水平制动螺旋  7—物镜对光螺旋  8—物镜  9—水准管气泡观察窗

10—管水准器

一条长丝称为横丝（又称中丝），横丝上下还有两条对称的短丝是用来测量距离的，称为视距丝。十字丝中心（或称十字丝交点）和物镜光心的连线，称为视准轴 $C—C$。

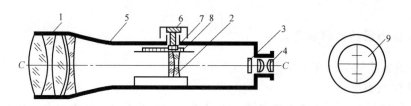

图 2-3  望远镜构造

1—物镜  2—物镜调焦透镜  3—十字丝分划板  4—目镜  5—物镜筒

6—物镜调焦螺旋  7—齿轮  8—齿条  9—十字丝影像

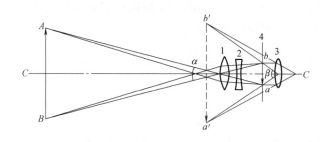

图 2-4  望远镜成像原理

1—物镜  2—物镜调焦透镜  3—目镜  4—十字丝分划板

（2）水准器  水准器是用来指示视准轴是否水平或仪器竖轴是否竖直的装置。分为管水准器和圆水准器两种。管水准器用来指示视准轴是否水平；圆水准器用来指示竖轴是否竖直。

1）管水准器：又称水准管，是一纵向内壁磨成圆弧形的玻璃管，管内装酒精和乙醚的混合液，加热融封冷却后留有一个气泡。由于气泡较轻，故恒处于管内最高位置。

水准管上一般刻有间隔为 2mm 的分划线，分划线的中点 0 称为水准管零点。通过零点作水准管圆弧的切线，称为水准管轴。当水准管的气泡中点与水准管零点重合时，称为气泡居中，这时水准管轴处于水平位置。水准管圆弧 2mm 所对的圆心角称为水准管分划值。安装在 DS$_3$ 级水准仪上的水准管，其分划值不大于 $20''/2mm$。

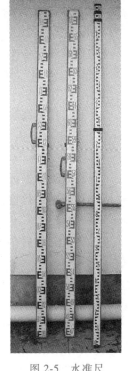

微倾式水准仪在水准管的上方安装一组符合棱镜，通过符合棱镜的反射作用，使气泡两端的像反映在望远镜旁的符合气泡观察窗中。若气泡两端的半像吻合时，就表示气泡居中。若气泡的半像错开，则表示气泡不居中，这时，应转动微倾螺旋，使气泡的半像吻合。

2）圆水准器：圆水准器顶面的内壁是球面，其中有圆分划圈，圆圈的中心为水准器的零点。通过零点的球面法线为圆水准器轴线，当圆水准器气泡居中时，该轴线处于竖直位置。当气泡不居中时，气泡中心偏移零点 2mm，轴线所倾斜的角值，称为圆水准器的分划值，由于它的精度较低，故只用于仪器的概略整平。

3）基座：基座的作用是支承仪器的上部并与三脚架连接。它主要由轴座、脚螺旋、底板和三角压板构成。

4）水准尺和尺垫：水准尺是水准测量时使用的标尺。水准尺需用不易变形且干燥的优质木材制成，要求尺长稳定，分划准确。常用的水准尺有塔尺和双面尺两种，如图 2-5 所示。

塔尺多用于等外水准测量，其长度有 2m 和 5m 两种，用几段尺套插在一起。尺的底部为零点，尺上黑白格相间，每格宽度为 1cm，有的为 0.5cm，每米和分米处均有注记。双面水准尺多用于三、四等水准测量。其长度有 2m 和 3m 两种，且两根尺为一对。尺的两面均有刻划，一面为红白相间，称红面尺；另一面为黑白相间，称黑面尺（也称主尺）。两面的刻划均为 1cm，并在分米处注字。两根尺的黑面均由零开始；而红面，一根尺由 4.687m 开始至 6.687m 或 7.687m，另一根由 4.787m 开始至 6.787m 或 7.787m。

图 2-5　水准尺

尺垫是用于转点上的一种工具，如图 2-6 所示，用钢板或铸铁制成，尺垫可使转点稳固防止下沉，不同水准测量使用不同尺垫。使用时把三个尖脚插入土中，把水准尺立在突出的圆顶上。

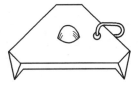

图 2-6　尺垫

## ∥技能训练

## 任务一　附合水准路线测量

从已知高程的水准点 BM$_A$ 出发，沿待定高程的水准点 1、2、…进行水准测量，最后附合到另一已知高程的水准点 BM$_B$ 所构成的水准路线，如图 2-7 所示，称为附合水准路线。

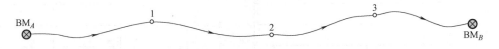

图 2-7　附合水准路线

1. 任务目的

1）了解附合水准测量外业实施方法与步骤。

2）掌握两次仪器高法进行附合水准测量观测、记录和计算方法。

3）了解普通水准测量应满足的限差要求。

2. 任务实施

1）在校内实训场地自行选取一条附合水准路线，设置 3~5 个待测高程点，点与点之间距离宜在 50~80m 之间设置。

2）4 人为一组，2 人扶尺，1 人观测，1 人记录，4 人工作每至一站进行轮换。

3）两次仪器高法，在每一测站上用两次不同仪器高度的水平视线（改变仪器高度应在 5cm 以上）来测定相邻两点间的高差。（如果两次高差观测值不相等，对图根水准测量，其差的绝对值应小于 5mm，否则应重测。）

4）将观测数据记录在表格中并进行计算，见表 2-2。

5）对数据进行检核，理论上两次测量高差应相等，但由于存在误差，故两次高差相差 5mm 即视为合格。

6）测量完成后在表 2-3 中进行内业计算。

表 2-2  水准测量记录（两次仪器高法）

| 测站 | 点号 | 水准尺读数/m | | 高差/m | 平均高差/m | 改正后高差/m | 高程/m |
| --- | --- | --- | --- | --- | --- | --- | --- |
| | | 后视 | 前视 | | | | |
| | $BM_A$ | | | | | | 3664.571 |
| 1 | | | | | | | |
| | $TP_1$ | | | | | | |
| | $TP_1$ | | | | | | |
| 2 | | | | | | | |
| | TP2 | | | | | | |
| | $TP_2$ | | | | | | |
| 3 | | | | | | | |
| | $TP_3$ | | | | | | |
| | $TP_3$ | | | | | | |
| 4 | | | | | | | |
| | $BM_B$ | | | | | | 3665.578 |
| ∑后 = | | | | ∑h = | ∑h/2 = | | |
| ∑前 = | | | | | | | |
| ∑后−∑前 = | | | | | | | |
| （∑后−∑前）/2 = | | | | | | | |

表 2-3　附合水准路线测量成果计算表

| 测段号 | 点号 | 距离/km | 测站数 | 实测高差/m | 改正数/mm | 改正后高差/m | 高程/m | 备注 |
|---|---|---|---|---|---|---|---|---|
| 1 | 2 | 3 | 4 | 5 | 6 | 7 | 8 | 9 |
| 1 | $BM_A$ | | | | | | 3664.571 | 已知 |
| 2 | $TP_1$ | | | | | | | |
| 3 | $TP_2$ | | | | | | | |
| 4 | $TP_3$ | | | | | | | |
| | $BM_B$ | | | | | | 3665.578 | |
| | $\Sigma$ | | | | | | | |

| 辅助计算 | $f_h=$　　　$f_{h容}=20\sqrt{L}=$　　　$\sum L=$ $f_h$___$f_{h容}$　　　$v_{km}=-\dfrac{f_h}{\sum L}=$ 规范四等水准测量精度要求 |
|---|---|

### 3. 注意事项

1）注意消除视差。

2）利用两次仪器高法进行测量，仪器升降至少 5cm。

3）记录要求准确，字迹工整，严禁涂改。

4）前后视距尽量相等。

5）如果闭合差超过允许值，分析原因后重测。

## 任务二　闭合水准测量

从已知高程的水准点 $BM_A$ 出发，沿各待定高程的水准点 1、2、3、4 进行水准测量，最后又回到原出发点 $BM_A$ 的环形路线，称为闭合水准路线（见图 2-8）。

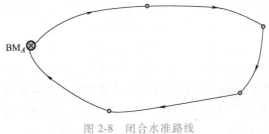

图 2-8　闭合水准路线

### 1. 任务目的

1）了解 $DS_3$ 型水准仪（自动安平水准仪）各部件的名称及作用。

2）练习水准仪的安置、粗平、瞄准、精平与读数。

3）测量地面两点间的高差。

4）掌握闭合路线水准测量的观测、记录和检核的方法。

5）掌握水准测量的闭合差调整及推求待定点高程的方法。

2. 任务准备

1）实验安排 4~6 学时，实验小组由 4~5 人组成。

2）实验设备为每组自动安平水准仪 1 台，水准尺 2 根，记录板 1 块，记录表格（见图 2-9）。

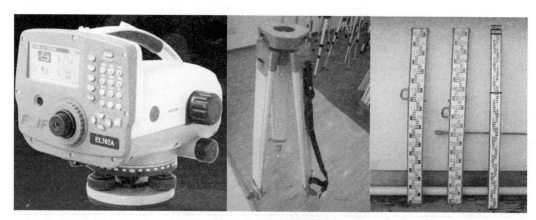

图 2-9  闭合水准测量所使用的器材

3）实验场地选定一条闭合水准路线，其长度以安置 3~6 个测站为宜，中间设待定点 1、2、3、4。

4）从已知水准点 $BM_A$ 出发，水准测量至 1、2、3、4 点，然后再测至 $BM_1$ 点（或另一个水准点）。根据已知点高程（或假定高程）及各测站的观测高差，计算水准路线的高差闭合差，并检查是否超限。如外业精度符合要求，对闭合差进行调整，求出待定点 $BM_1$ 的高程。各测站的操作可以轮流进行，其余人必须确认操作及读数结果，各自记录、计算在记录表中。

3. 任务实施

1）背离已知点方向为前进方向，第 1 测站安置水准仪在 $BM_A$ 点与待测点之间，前、后距离大约相等，其视距为 20~40m，粗略整平水准仪。

① 在测站上松开三脚架架腿的固定螺旋，按需要的高度调整架腿长度，再拧紧固定螺旋，张开三脚架将架腿踩实，并使三脚架架头大致水平。

② 从仪器箱中取出水准仪，用连接螺旋将水准仪固定在三脚架架头上（见图 2-10）。

③ 粗平是借助圆水准器的气泡居中，使仪器竖轴大致铅垂，从而视准轴粗略水平。在整平的过程中，气泡的移动方向与左手大拇指运动的方向一致（见图 2-11）。

④ 首先进行目镜对光。将望远镜对向一明亮背景（如天空或白色明亮物体），转动望远镜目镜调焦螺旋，使望远镜内的十字丝影像非常清晰（见图 2-12）。

⑤ 再松开制动螺旋，转动望远镜，用望远镜上的粗瞄准器瞄准水准尺，然后旋紧制动螺旋。从望远镜中观测目标，旋转望远镜物镜调焦螺旋，使水准尺的成像清晰（见图 2-13）。

图 2-10　三脚架的正确安置

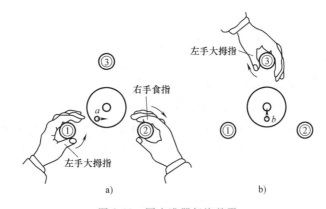

图 2-11　圆水准器气泡整平

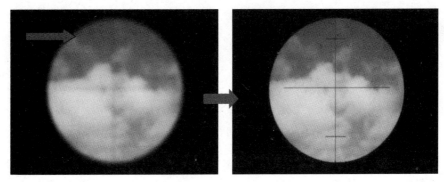

图 2-12　目镜对光

⑥ 再旋转水平微动螺旋，使十字丝纵丝位于水准尺中心线上或水准尺的一侧。观测员眼睛在目镜端上下移动，观察水准尺影像是否与十字丝有相对移动。若有，则说明存在视差，这时应再仔细调节目镜和物镜对光螺旋，直到水准尺影像与十字丝无相对移动为止。

2）操作程序是后视 $BM_A$ 点上的水准尺，精平，用中丝读取后尺 $BM_A$ 读数，记入实验表中。前视待测点 1 上的水准尺，精平并读数，记入表中。然后立即计算该站的高差。

3）迁至第 2 测站，继续上述操作程序，直到最后回到 $A$ 点（或另一个已知水准点）。

4）根据已知点高程及各测站高差，计算水准路线的高差闭合差，并检查高差闭合差是

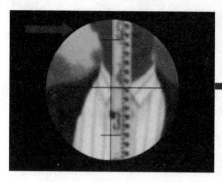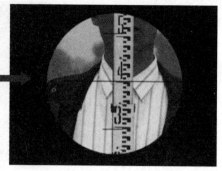

图 2-13　物镜对光

否超限，其（普通水准测量）限差公式为

$$平地 \quad f_{h容} = \pm 40\sqrt{L} \ （mm）$$

或

$$山地 \quad f_{h容} = \pm 12\sqrt{n} \ （mm）$$

式中　$n$——测站数；

$L$——水准路线的长度，以 km 为单位。

5）若高差闭合差在容许范围内，则对高差闭合差进行调整，计算各待定点的高程。

有一条闭和水准路线如图 2-14 所示，如法对其观测，已知 $BM_A$ 点高程为 3686.346m。求 1、2、3、4 点调整后的高程。填写表 2-4，并提交实验报告，见表 2-5。

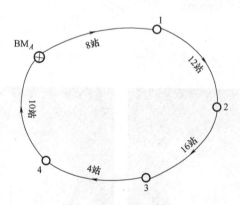

图 2-14　闭合水准路线

表 2-4　闭合水准路线记录、计算表（按测站进行高差改正）

班级_____组别_____姓名_____日期_____

| 测点 | 后视 $a$/m | 前视 $b$/m | 高差/m | | 视线高/m | 高程/m |
| --- | --- | --- | --- | --- | --- | --- |
| | | | + | − | | |
| $BM_A$ | | | | | | |
| 1 | | | | | | |
| 2 | | | | | | |
| 3 | | | | | | |
| 4 | | | | | | |
| $BM_A$ | | | | | | |
| Σ | | | | | | |

（续）

计算校核：$\sum a - \sum b =$

　　　　　$\sum h =$

　　　　　$H_{测} - H_{已知} =$

　　　　　若 $\sum a - \sum b = \sum h = H_{测} - H_{已知}$，计算无误，否则重算。

精度校核：$f_h = \sum h =$

　　　　　$f_{h容} = \pm 40\sqrt{L}$ 或 $\pm 12\sqrt{n}$（mm）

　　　　　若 $f_h \leqslant f_{h容}$ 符合精度要求，否则重测。

表 2-5　实验报告

日期_____　　班组_____　　姓名_____

| 测点 | 测站数 | 实测高差/m | 高差改正数/m | 改正后高差/m | 改正后高程/m | 备注 |
|---|---|---|---|---|---|---|
| BM$_A$ | | | | | | |
| 1 | | | | | | |
| 2 | | | | | | |
| 3 | | | | | | |
| 4 | | | | | | |
| BM$_A$ | | | | | | |
| $\sum$ | | | | | | |

注：实验数据记入表中，并进行高差计算，确保高差总和无误。

4. 注意事项

1）在每次读数之前，要消除视差，并使符合水准气泡严格居中。

2）在已知点和待定点上不能放置尺垫，但在松软的转点必须使用尺垫，在仪器迁站时，前视点的尺垫不能移动。

3）弄清每一个测站的前视点、后视点、前视读数、后视读数、转点、中间点的概念，不要混淆。

4）在路线水准测量过程中必须十分小心地测量转点的后视读数和前视读数并认真记录计算，一旦有错将影响后面的所有测量，造成后面全部结果错误。

5）分清测量路线、测段、测站的概念。

6）每个测段、每个测站的记录和计算与路线水准测量的成果计算不要混淆。要搞清各自的计算步骤和计算公式。

7）注意检查高差闭合差是否超限，如超限应重测。

8）搞清已知水准点只有后视读数；转点既有后视读数，又有前视读数；中间点只有前视读数。

9）各测站的视线高度不一样。

## 任务三　水准仪的校验

水准仪操作简单，应用广泛。能够熟练操作水准仪是一个工程人员最基本的职业素养。

同时水准仪也属于高精度仪器。像普通的 $DS_3$ 水准仪，每公里往返测高差中误差可以达到 3mm。所以，国家规定光学水准仪要每年做定期检定。而水准仪在使用中又很容易损坏。所以好的工程人员，尤其是专业的测量人员，要学会怎样检校水准仪。

1. 任务目的

1）了解微倾式水准仪各轴线间应满足的几何条件。

2）掌握微倾式水准仪检验与校正的方法。

2. 任务准备

仪器和工具：$DS_3$ 型水准仪 1 个，水准尺 2 把，皮尺 1 把，木桩（或尺垫）2 个，斧 1 把，拨针 1 个，螺钉旋具 1 把。

3. 任务实施

（1）一般性检验　安置仪器后，首先检验三脚架是否牢固，制动螺旋、微动螺旋、微倾螺旋、对光螺旋、脚螺旋等是否有效，望远镜成像是否清晰。

（2）圆水准器轴是否平行于视准轴的检校　水准仪的轴线如图 2-15 所示，当圆水准器轴与竖轴不平行时，它们相差一个 $\delta$ 角（见图 2-16）。转动脚螺旋使圆水准气泡居中，然后将仪器旋转 180°，观察此时圆水准气泡的位置是否居中。如果此时不再居中而往某一侧偏移则仪器需要校正。

校正方法是先稍旋松圆水准器底部中央的紧固螺旋，旋动脚螺旋使其向圆水准气泡中心

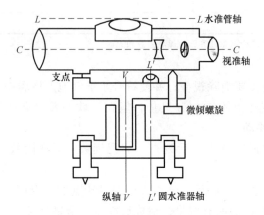

图 2-15　水准仪的轴线

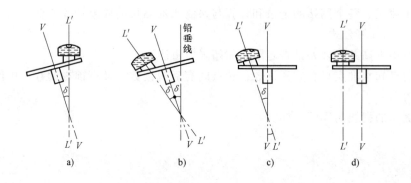

图 2-16　圆水准器轴线校正

移动偏距的一半；然后用校正针拨动圆水准器下的三个校正螺旋使气泡居中；再之后就是重复这两步，直到旋转仪器气泡不会再有偏移；最后旋紧紧固螺旋（见图 2-17）。

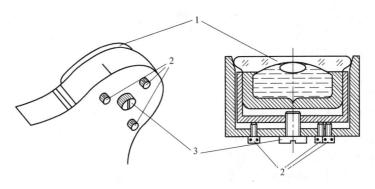

图 2-17　圆水准器校正

1—圆水准器　2—校正螺钉　3—连接螺钉

（3）十字丝横丝的检验与校正　整平仪器后，用十字丝横丝的一端瞄准一清晰的点 $P$，制动，然后转动水平微动螺旋观察 $P$ 点。如果 $P$ 始终在横丝上，无须校正。否则，仪器需要校正。

校正方法是松开十字环的三个固定螺钉，按十字丝倾斜的反方向微微旋动十字丝环使横丝水平，反复进行检和校两步直到横丝水平，最后将螺钉紧固（见图 2-18）。

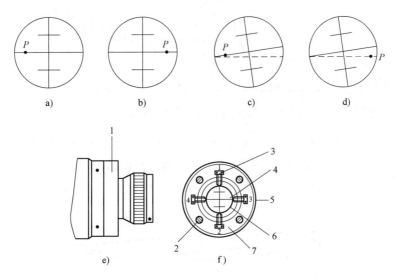

图 2-18　十字丝横丝垂直于竖轴的校正

1—十字丝分划板护罩　2—压环螺钉　3—十字丝校正螺钉

4—十字丝分划板　5—望远镜筒　6—分划板座　7—压环

（4）水准管轴的检验与校正，即 $i$ 角的检校　如图 2-19 所示，在 $C$ 处安置水准仪，用皮尺从仪器向两侧各量取约 40m，定出等距离的 $A$、$B$ 两点，打桩或放置尺垫。用变动仪器高（或双面尺）法测出 $A$、$B$ 两点的高差。当两次测得高差之差不大于 3mm 时，取其平均值作为最后的正确高差，用 $h_{AB}$ 表示。

再将仪器安置于点 $B$ 附近的 $D$ 处，瞄准 $B$ 点水准尺，读数为 $b_2$，再根据 $A$、$B$ 两点的正确高差算得 $A$ 点尺上应有的读数 $a'_2 = h_{AB} + b_2$，与在 $A$ 点尺上的实际读数 $a_2$ 比较，得误差为

$$i'' = \frac{\Delta h}{D_{AB}} \rho''  \tag{2-5}$$

式中　$\rho''$——值为 $206265''$；

　　　$D_{AB}$——$A$、$B$ 两点间的距离。

当 $i \geq 20''$ 时，应校正水准管。

水准管轴的校正原理是如果水准管轴与视准轴平行，则两者都是水平的，那无论仪器置于 $A$、$B$ 点任何一处都会得到相同的高差。不平行则会形成一个 $i$ 角。明显的是，当仪器架在 $AB$ 中点时恰能消除 $i$ 角的影响，所以此时的高差也是准确的。而当直接靠近 $A$（或 $B$）测量时，所有的读数误差都落在 $B$（或 $A$）上了。此时调整微倾螺旋使两次测得的高差相等，就能保证视准轴水平。

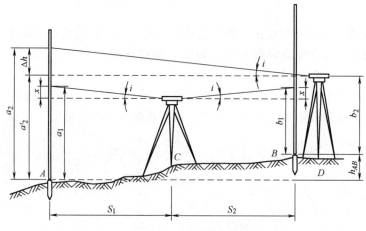

图 2-19　视准轴平行于水准管轴的检验

如图 2-20 所示，转动微动螺旋，使十字丝的中横丝对准 $A$ 点尺上应有的读数 $a'$，这时水准管气泡不居中，用拨针拨动水准管一端上、下两个校正螺钉，使气泡居中，松紧上、下两个校正螺钉前，先稍微旋松左、右两个校正螺钉，校正完毕，再旋紧。反复检校，直到 $i \leq 20''$ 为止。

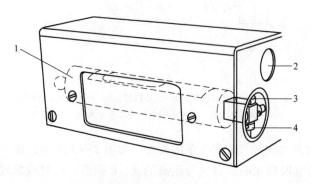

图 2-20　水准管的校正

1—管水准器　2—管水准器气泡观察窗　3—上校正螺钉　4—下校正螺钉

## 知识拓展

### 误 差 控 制

误差控制主要从仪器误差、观测误差和外界环境影响三方面的控制着手。

1. 仪器误差

（1）校正残余误差 $i$ 角误差（大于20″才需要校正），保持前、后视距相等。

（2）水准尺误差 检验水准尺每米间隔平均真长与名义长之差；区格式木质标尺，不应大于0.5mm。否则，应在所测高差中进行米真长改正。一对水准尺的零点差，在一水准测段的观测中安排偶数个测站予以消除。

2. 观测误差

（1）管水准气泡居中误差 设分划值 $\tau''=20''/2mm$，视线长为100m，气泡偏离居中位置0.5格由此引起的读数误差为5mm。每次读尺前应使管水准气泡严格居中。

（2）读数误差 毫米（mm）位数字——十字丝横丝在标尺厘米分划内位置估读，望远镜内看到的横丝宽度相对厘米分划格宽度比例决定了估读的精度，读数误差与望远镜的放大倍数及视线长有关，视线越长，读数误差越大。规范规定，使用 $DS_3$ 水准仪进行四等水准测量时，视线长≤80m。

（3）水准尺倾斜 读数时，水准尺应竖直。水准尺前后倾斜，在水准仪望远镜视场中不会察觉，由此引起的水准尺读数总是偏大。视线高度越大，误差就越大。在水准尺上安装圆水准器可保证尺子竖直。

（4）视差 水准尺像没有准确成在十字丝分划板上，造成眼睛的观察位置不同时，读出的标尺读数也不同，由此产生读数误差。按操作规定进行目镜对光，物镜对光。

3. 外界环境影响

（1）仪器下沉和尺垫下沉 仪器或水准尺安置在软土或植被上会产生下沉。按照"后—前—前—后"的观测顺序，可削弱仪器下沉的影响；往返观测取观测高差的中数，可削弱尺垫下沉的影响。

（2）大气折光影响 在晴天日光照射下，地面温度较高，靠近地面的空气温度也较高，其密度较上层空气较稀。水准仪的水平视线离地面越近，光线折射越大。规范规定，三、四等水准测量，应保证上、中、下三丝能读数，二等水准测量则要求下丝读数≥0.3m。

（3）温度影响 日光照射水准仪，仪器各构件受热不匀引起不规则膨胀，影响仪器轴线间的正常关系因此观测产生误差。观测时应撑伞遮阳。

## 项目评价

本项目的评价方法、评价内容和评价依据见表2-6。

表2-6 项目评价（二）

| 评价方法 |
| --- |
| 采用多元评价法,教师点评、学生自评、互评相结合。观察学生参与、聆听、沟通表达自己看法、投入程度、完成任务情况等方面 |

（续）

| 评价内容 | 评价依据 | 权重 |
|---|---|---|
| 知识 | 1. 理解水准测量基本原理，双面尺法和两次仪器高法<br>2. 掌握普通水准测量，闭合水准路线测量，符合水准测量<br>3. 掌握水准仪校正的方法 | 40% |
| 技能 | 1. 能按精度要求进行普通水准测量及水准路线测量<br>2. 能完成内业计算 | 40% |
| 学习态度 | 1. 是否出勤、预习<br>2. 是否遵守安全纪律，认真倾听教师讲述、观察教师演示<br>3. 是否按时完成学习任务 | 20% |

# 复习巩固

## 一、单项选择题

1. 在水准测量一个测站上，读得后视点 $A$ 的读数为 1.365，读得前视点 $B$ 的读数为 1.598。则可求得 $A$、$B$ 两点的高差为（　　　）。

　　A. 0.223　　　　B. −0.223　　　　C. 0.233　　　　D. −0.233

2. 在水准测量一个测站上，已知后视点 $A$ 的高程为 1656.458，测得 $A$、$B$ 两点的高差为 1.326。则可求得 $B$ 点的高程为（　　　）。

　　A. 1657.784　　　B. 1655.132　　　C. −1657.784　　D. −1655.132

3. 在水准测量一个测站上，已知后视点 $A$ 的高程为 856.458，测得后视点 $A$ 的读数为 1.320，则可求得该测站仪器的视线高为（　　　）。

　　A. 855.138　　　B. −855.138　　　C. 857.778　　　D. −857.778

4. 在水准测量一个测站上，已知仪器的视线高为 2856.458，测得前视点的读数为 1.342，则可求得前视点的高程为（　　　）。

　　A. 2855.116　　　B. −2855.116　　　C. 2857.800　　　D. −2857.800

5. 测绘仪器的望远镜中都有视准轴，视准轴是十字丝交点与（　　　）的连线。

　　A. 物镜中心　　　B. 目镜中心　　　C. 物镜光心　　　D. 目镜光心

6. 普通微倾式水准仪上，用来粗略调平仪器的水准器是（　　　）。

　　A. 符合水准器　　B. 圆水准器　　　C. 管水准器　　　D. 水准管

7. 普通微倾式水准仪上，用来精确调平仪器的水准器是（　　　）。

　　A. 符合水准器　　B. 圆水准器　　　C. 精确水准器　　D. 水准盒

8. 水准器的分划值越小，其灵敏度越（　　　）。

　　A. 小　　　　　　B. 大　　　　　　C. 低　　　　　　D. 高

9. 水准测量中常要用到尺垫，尺垫是在（　　　）上使用的。

　　A. 前视点　　　　B. 中间点　　　　C. 转点　　　　　D. 后视点

10. 用水准测量的方法测定的高程控制点，称为（　　　）。

　　A. 导线点　　　　B. 水准点　　　　C. 图根点　　　　D. 控制点

## 二、填空题

1. 水准测量是借助水准仪提供的一条水平视线，配合带有分划的水准尺，利用几何原理测出地面上两点之间的_____。

2. 在测量工作中，安置仪器的位置称为_____，安置一次仪器，称为_____。

3. 望远镜主要由_____、_____、_____和_____组成。

4. 望远镜中十字丝的作用是提供照准目标的标准。在十字丝中丝上、下对称的两根短横丝，是用来测量距离的，称为_____。

5. 水准管上2mm圆弧所对的圆心角，称为_____，用字母$\tau$表示。

6. 调节脚螺旋粗略整平仪器时，气泡移动方向与左手大拇指旋转脚螺旋时的方向____，与右手大拇指旋转脚螺旋时的方向_____。

7. 符合气泡左侧半影像的移动方向，与用右手大拇指转动微倾螺旋的方向_____。

8. 用水准测量的方法测定的_____，称为水准点（Bench Mark），一般缩写为"BM"。

9. 水准点埋设后，应绘出水准点的点位略图，称为_____，以便于日后寻找和使用。

10. 从一个已知高程的水准点出发进行水准测量，最后测量到另一已知高程的水准点上，所构成的水准路线，称为_____。

三、判断题

1. 水准测量的原理，是利用水准仪所提供的一条水平视线，配合带有刻划的标尺，测出两点间的高差。 （ ）

2. 在水准测量中，利用高差法进行计算时，两点的高差等于前视读数减后视读数。
（ ）

3. 在水准测量中，利用视线高法进行计算时，视线高等于后视读数加上仪器高。 （ ）

4. 在水准测量中，利用视线高法计算高程时，前视点高程等于视线高加上前视读数。
（ ）

5. 测绘仪器的望远镜中都有视准轴，视准轴是十字丝交点与目镜光心的连线。 （ ）

6. 管水准器的玻璃管内壁为圆弧，圆弧的中心点称为水准管的零点。通过零点与圆弧相切的切线称为水准管轴。 （ ）

7. 水准器内壁2mm弧长所对应的圆心角，称水准器的分划值。 （ ）

8. 水准器的分划值越小，其灵敏度越高，用来整平仪器的精度也越高。 （ ）

9. 水准测量中常要用到尺垫，尺垫的作用是防止点被移动。 （ ）

10. 当观测者的眼睛在测绘仪器的目镜处晃动时，若发现十字丝与目标影像相对移动，这种现象称为视差。 （ ）

四、简答题

1. 什么是高差法？什么是视线高法？什么是水准管零点和水准管轴？什么是圆水准器轴？

2. 什么是视差？

3. 产生视差的原因是什么？

4. 如何消除视差？

5. 什么是闭合水准路线？

6. 什么是支水准路线？

7. 什么是水准测量的转点？

8. 普通水准测量中如何进行计算检核？

9. 什么是测站检核？

10. 自动安平水准仪与微倾式水准仪有什么区别？

### 五、计算题

1. 一段水准路线，从已知点 $A$ 开始观测，共测了 5 个测站。已知 $h_A = 40.093$m，观测数据如图 2-21 所示（以 mm 为单位）。请在表 2-7 中计算 $B$ 点的高程 $h_B$，并进行计算检核。

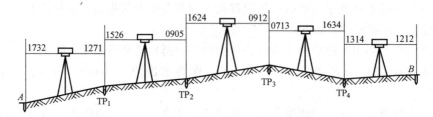

图 2-21　计算题题 1 图

表 2-7　水准测量记录表（高差法）

| 测点 | 水准尺读数/m | | 高差/m | | 高程/m | 备注 |
| | 后视 $a$ | 前视 $b$ | + | - | | |
|---|---|---|---|---|---|---|
| $A$ | | | | | 40.093 | |
| $TP_1$ | | | | | | |
| $TP_2$ | | | | | | |
| $TP_3$ | | | | | | |
| $TP_4$ | | | | | | |
| $B$ | | | | | | |
| 计算检核 | | | | | | |

2. 一条图根附合水准路线，观测数据标于图 2-22 中，请在表 2-8 中进行平差计算，求出 $A$、$B$ 两点的高程 $h_A$、$h_B$。

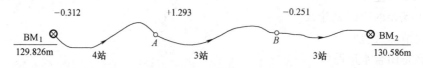

图 2-22　计算题题 2 图

表 2-8　平差计算表（一）

| 点号 | 测站数 | 高差/m | 改正数/mm | 改正高差/m | 高程/m | 备注 |
|---|---|---|---|---|---|---|
| BM$_1$ | | | | | 129.826 | |
| A | | | | | | |
| B | | | | | | |
| BM$_2$ | | | | | 130.586 | |
| 辅助计算 | $\sum n =$　　$\sum h =$ <br> $f = \sum h - (H_B - H_A) =$ <br> $v_i = -\dfrac{f_h}{\sum n} n_i =$ | | | | | |

3. 对图 2-23 所示的一段等外支水准路线进行往返观测，路线长为 1.2km，已知水准点为 BM$_8$，待测点为 P。已知点的高程和往返测量的高差数值标于图中，试检核测量成果是否满足精度要求？如果满足，请计算出 P 点高程。

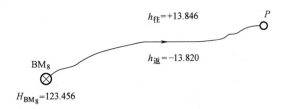

$h_{往} = +13.846$

$h_{返} = -13.820$

$H_{BM_8} = 123.456$

图 2-23　计算题题 3 图

4. 如图 2-24 所示为一图根闭合水准路线示意图，水准点 BM$_2$ 的高程为 $h_{BM_2} =$ 845.515m。1、2、3、4 点为待定高程点，各测段高差及测站数均标注在图中。请在表 2-9 中进行平差计算，试求出各待定点的高程 $H_1$、$H_2$、$H_3$、$H_4$。

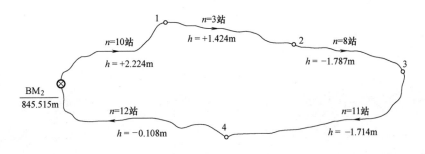

$n=3$站　$h = +1.424$m

$n=10$站　$h = +2.224$m

$n=8$站　$h = -1.787$m

$n=11$站　$h = -1.714$m

$n=12$站　$h = -0.108$m

BM$_2$ 845.515m

图 2-24　计算题题 4 图

表 2-9　平差计算表（二）

| 点号 | 测站数 | 高差 /m | 改正数/mm | 改正高差/m | 高程 /m | 备注 |
|---|---|---|---|---|---|---|
| BM$_2$ | | | | | 845.515 | |
| 1 | | | | | | |
| 2 | | | | | | |
| 3 | | | | | | |
| 4 | | | | | | |
| BM$_2$ | | | | | 845.515 | |
| 辅助 计算 | $\sum n =$　　　$f_\text{h} =$　　　$f_{\text{h容}} = \pm 40\sqrt{n} =$<br>$f_\text{h}$＿$f_{\text{h容}}$　$v_i = -\dfrac{f_\text{h}}{\sum n} n_i$ | | | | | |

5. 已知 $A$、$B$ 两点的精确高程分别为：$H_A = 644.286\text{m}$，$H_B = 644.175\text{m}$。水准仪安置在 $A$ 点附近，测得 $A$ 尺上读数 $a = 1.466\text{m}$，$B$ 尺上读数 $b = 1.545\text{m}$。问这架仪器的水准管轴是否平行于视准轴，若不平行，应如何进行校正？

**六、思考题**

在水准测量中，为什么要尽可能地把仪器安置在前视、后视两点等距处？

# 项目三

# 角度测量及经纬仪

## 项目导入

掌握角度测量原理，掌握 $DJ_6$ 经纬仪的构造和使用方法，掌握水平角和竖直角的观测和计算方法。熟悉经纬仪的检验、校正和电子经纬仪的构造，了解角度测量误差注意事项。

## 相关知识

### 一、角度测量原理

**1. 水平角测量原理**

水平角是地面一点与两个目标点的连线在水平面投影的夹角。如图 3-1 所示，过 $B$、$C$ 两点铅垂面与过 $B$、$A$ 两点铅垂面的两面角在 $B$ 点水平安置刻度圆盘，（顺时针注记）测出 $BA$ 方向在度盘的读数 $a$，$BC$ 方向在度盘的读数 $c$，水平角 $\beta = c - a$。

**2. 竖直角测量原理**

竖直角是在同一竖直面内，瞄准目标的倾斜视线与水平视线的夹角。如图 3-2 所示，视线在水平线上方为仰角，竖直角 $\alpha_A > 0$，角值为正；视线在水平线下方为俯角，竖直角 $\alpha_C < 0$，角值为负。若在测站上设置一个竖直度盘，望远镜照准目标时的竖盘读数与望远镜水平时的读数之差即为竖直角。

### 二、经纬仪的构造及使用

**1. 经纬仪的分类**

常用的经纬仪依据读数方式的不同分为两种类型：通过光学度盘来进行读数的，称为光学经纬仪；采用电子学的方法进行读数的，称为电子经纬仪。

光学经纬仪按其精度来分有 $DJ_1$、$DJ_2$、$DJ_6$ 等型号，D 和 J 分别为"大地测量"和"经纬仪"两词的拼音首写，1、2、6 代表该仪器一测回方向观测中产生误差的秒数。本项目中重点介绍工程中常用的 $DJ_6$ 型光学经纬仪（见图 3-3）的构造及使用方法。

**2. $DJ_6$ 级光学经纬仪的构造**

各种型号的光学经纬仪其基本构造大致相同。仪器主要由基座、水平度盘和照准部三部分组成，如图 3-4 所示。

（1）基座　基座有三个脚螺旋，一个圆水准气泡用于仪器粗平，由连接螺旋使仪器与三脚架相连。仪器的照准部通过轴套固定螺钉固定在基座上。

（2）水平度盘　水平度盘为一光学玻璃圆环，在圆环上刻有一圈 0°～360°顺时针注记的分划线。水平度盘套在竖轴中可以自由转动，度盘圆心与竖轴轴线重合，既可转动又可固定不动。

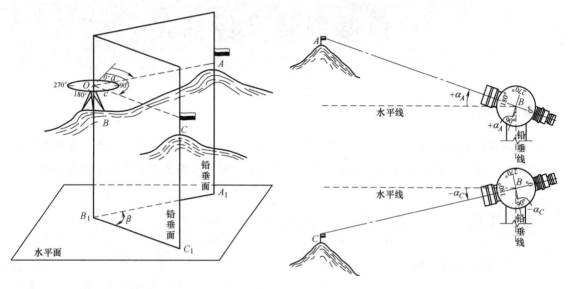

图 3-1　水平角测量原理　　　　　　　　图 3-2　竖直角测量原理

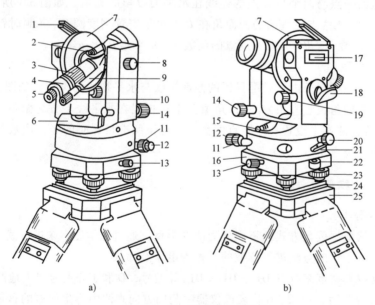

a)　　　　　　　　　　　　b)

图 3-3　DJ$_6$ 型光学经纬仪

1—竖盘指标水准管反光镜　2—粗瞄器　3—对光螺旋　4—十字丝环罩　5—望远镜目镜
6—照准部水准管　7—竖直度盘　8—望远镜制动螺旋　9—读数显微镜　10—读数目镜
11—照准部微动螺旋　12—照准部制动螺旋　13—轴座固定螺旋　14—望远镜微动螺旋
15—光学对中器　16—基座　17—竖盘指标水准管　18—反光镜　19—竖盘指标水准管微动螺旋
20—度盘变换手轮　21—保险手柄　22—圆水准器　23—脚螺旋　24—三角底板　25—三脚架

（3）照准部　照准部在水平度盘上方，是能绕竖轴旋转的全部部件总称。主要有望远镜、横轴、测微器、竖轴和水准管等。望远镜可以绕横轴旋转，视准轴扫出一竖直面。为控制望远镜的上下转动，仪器设置有望远镜制动螺旋和微动螺旋。照准部还可以绕竖轴做水平方向转动，为控制水平方向转动，仪器设置有水平制动螺旋和水平微动螺旋。圆水准盒用于仪器粗平，水准管用于仪器精平。

3. $DJ_6$ 型光学经纬仪的读数

在光学读数系统中，由于采用的读数设备不同，其读数方法也不同。$DJ_6$ 型光学经纬仪的读数设备有分微尺和单平板玻璃测微器两种。

（1）分微尺读数　如图 3-5 所示是从读数显微镜内看到的分微尺读数影像，其水平度盘和竖直度盘的一个分隔均为 1°。度盘上 1° 分划的间隔经放大后，与分微尺全长相等。分微尺全长分 60 格，因此其最小格值为：$1' = 60''$。度从度盘上读，分从分微尺上读，小于 $1'$ 的则在分微尺上估读。图 3-5 中水平度盘读数为 73°04′42″，竖直度盘读数为 87°6′24″。

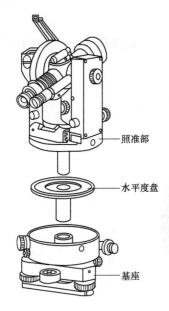

图 3-4　$DJ_6$ 型光学经纬仪构造

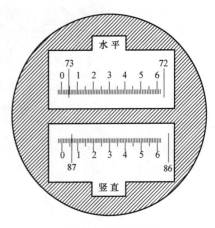

图 3-5　分微尺读数

（2）单平板玻璃测微器读数　如图 3-6 所示是从读数显微镜内看到单平板读数的影像，上面显示的刻度为测微尺，中部有一根指标线，测微尺每 5′ 注记，其最小分划为 20″。中间窗口为竖直度盘像，下部窗口为水平度盘像，两窗口中部的双丝为指标线。读数时，先转测微轮使度盘分划线移到双丝中间，读出度盘上的读数，再在测微尺上读分（′）和秒（″）。图 3-6a 中指标线夹住 5°，再从分微尺上读得 11′50″，因此水平度盘读数为 5°+11′50″=5°11′50″；同样图 3-6b 中竖盘读数为 92°17′38″。

4. $DJ_6$ 型光学经纬仪的使用

光学经纬仪的使用包括了对中、整平、瞄准、读数 4 个步骤。对中、整平的主要内容是使仪器竖轴位于过测站点的铅垂线上，水平度盘和横轴处于水平位置，竖盘位于铅垂平面内。

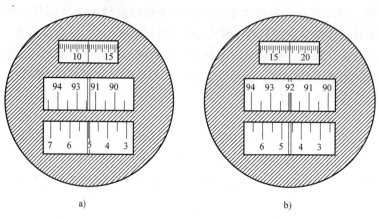

a)　　　　　　　　　　　b)

图 3-6　单平板玻璃测微器读数

（1）对中、整平采用的方法　对中、整平采用的方法有锤球对中整平和光学对中整平两种。

1）锤球对中整平法。将锤球悬挂于连接螺旋中心的挂钩上，调整锤球线长度使锤球尖略高于测站点，如图 3-7 所示。

图 3-7　锤球对中法

① 粗对中与粗平。平移三脚架，使锤球尖大致对准测站点中心，将三脚架的脚尖踩入土中。

② 精对中。稍微旋松连接螺旋，双手扶住仪器基座，在架头上移动仪器，使锤球尖准确对准测站点，旋紧连接螺旋。锤球对中误差应小于±3mm。

③ 精确整平。旋转脚螺旋，在相互垂直的两个方向使照准部管水准气泡居中。

2）光学对中整平法（见图 3-8）

① 粗对中。手握三脚架，眼睛观察光学对中器，移动三脚架，对中标志基本对准测站点中心，脚尖踩入土中。

② 精对中：旋转脚螺旋对中，使对中误差小于±1mm。

③ 粗平：伸缩脚架腿，使圆水准气泡居中。

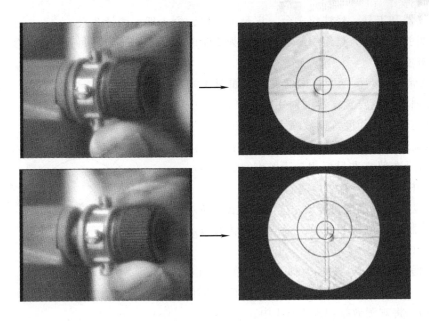

图 3-8 光学对中整平法

④ 精平。转动照准部，旋转脚螺旋，使管水准气泡在相互垂直的两个方向居中。精平操作会略微破坏已完成的对中关系。

⑤ 再次精对中。旋松连接螺旋，眼睛观察光学对中器，平移仪器基座（注意不要有旋转运动），使对中标志准确对准测站点中心，拧紧连接螺旋。旋转照准部，在相互垂直两方向查管水准气泡居中情况，否则从再次精对中开始重复操作。

（2）测角照准标志 测角照准标志一般是竖立于测点的标杆、测钎、用 3 根竹竿悬吊锤球线或觇牌。在水平角测量中，望远镜十字丝竖瞄准准标志。

（3）目镜对光 望远镜对向明亮背景，转动目镜使十字丝清晰；粗瞄目标：望远镜上的粗瞄器瞄准目标，水平、垂直制动；精瞄目标：从望远镜观察，旋转水平、垂直微动螺旋。

（4）读数 打开度盘照明反光镜，调整开度和方向，照亮读数窗口，进行读数。

## 技能训练

## 任务一 测回法水平角观测

1. 任务目的

1）掌握测回法测水平角的观测方法。

2）进一步熟悉经纬仪的使用方法。

3）要求半测回角值之差不超过 $±40''$，各测回角值互差不超过 $±40''$。

2. 任务准备

（1）场地布置 选一较空阔的场地进行，在地面上设测站点 $O$ 点，在场地另一侧距测站点约 50m 远处选定两点，左边为 $A$ 点，右边为 $B$ 点，在点上竖立观测标志。

（2）仪器和工具　经纬仪 1 台，记录板 1 块，伞 1 把，测针 2 根。

（3）实验课时和人员组织　实验课时为 2 学时，4~5 人 1 组，每人观测 1 测回。

3. 任务实施

测回法常用于观测两个方向的夹角，如图 3-9 所示。

1）在测站 O 点安置仪器（对中、整平）。

2）盘左位置，使度盘读数略大于 0°00′00″。

3）以盘左位置瞄准目标 $A$，读取度盘读数 $a_左$，顺时针转动照准部瞄准目标 $B$，读取度盘读数 $b_左$，记入表 3-1 中。

4）以盘右位置瞄准目标 $B$，读取度盘读数 $b_右$，逆时针转动照准部瞄准目标 $A$，读取度盘读数 $a_右$，记入表 3-1 中。

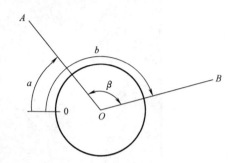

图 3-9　水平角测回法

5）根据测回数 $n$，按 $180°/n$ 改变起始方向水平度盘位置、读数，进行第二、第三、第四测回的水平角观测，将观测数据记入表 3-1 中。

6）计算前半测回角值 $\beta_左 = b_左 - a_左$，计算后半测回角值 $\beta_右 = b_右 - a_右$，计算一测回角值 $\beta = (\beta_左 + \beta_右)/2$，以及四个测回的平均角值，记入表 3-1 中。

表 3-1　测回法观测水平角记录表

日期_____　班级_____　小组_____　姓名_____

| 测站 | 竖盘 | 目标 | 度盘读数/(° ′ ″) | 半测回角值/(° ′ ″) | 一测回角值/(° ′ ″) | 各测回平均值/(° ′ ″) | 备注 |
|---|---|---|---|---|---|---|---|
|  |  |  |  |  |  |  |  |
|  |  |  |  |  |  |  |  |
|  |  |  |  |  |  |  |  |
|  |  |  |  |  |  |  |  |
|  |  |  |  |  |  |  |  |
|  |  |  |  |  |  |  |  |
|  |  |  |  |  |  |  |  |
|  |  |  |  |  |  |  |  |
|  |  |  |  |  |  |  |  |
|  |  |  |  |  |  |  |  |
|  |  |  |  |  |  |  |  |
|  |  |  |  |  |  |  |  |

4. 注意事项

1）仪器安置的高度要合适，三脚架要踏实，仪器与脚架连接要牢固。在观测过程中不能手扶或碰动三脚架。

2）对中、整平要准确，测角精度要求越高或边长越短的，对中要求越严格；观测的目标之间高低相差较大时，应特别注意仪器整平。

3）一般要求对中误差不大于3mm，整平气泡居中误差不得大于一格。

4）在水平角观测过程中立点要准确，用十字丝交点瞄准锤球架的垂线上方或测钎的底部。

5）同一测回观测时切勿碰动复测扳手或度盘变换手轮，更不能旋松竖轴固定螺旋，以免发生错误。

## 任务二　竖直角观测

1. 任务目的

1）了解竖盘的构造、竖盘的读数。

2）掌握竖直角的观测方法及计算。

2. 任务准备

（1）场地布置　在地面上选一测站点O点，在较远的地方选目标观测（如天线、电杆等）。

（2）仪器和工具　经纬仪1台，记录板1块，伞1把，测站点标志1块。

（3）实验课时和人员组织　实验课时为2学时，4~5人为1组，轮换进行。

3. 任务实施

（1）观测步骤　观测步骤如下。

1）仪器安置于测站点O点上，盘左瞄准目标点A，中丝切于目标顶部。

2）调节竖盘指标水准管气泡居中，读数L，并记入表3-2中。

3）盘右再瞄准A点并调节竖盘指标水准管气泡居中，读数R，记入表3-2中。

4）计算竖直角。

（2）竖盘的结构　竖盘固定在望远镜旋转轴的一端，随望远镜在竖直面内转动，而用来读取竖盘读数的指标并不随望远镜转动，因此，当望远镜照准不同目标时可读出不同的竖盘读数，如图3-10所示。

（3）竖直角的计算公式

盘左竖直角为

$$\alpha_L = 90° - L \tag{3-1}$$

盘右竖直角为

$$\alpha_R = R - 270° \tag{3-2}$$

平均竖直角为

$$\alpha = (\alpha_L + \alpha_R)/2 \tag{3-3}$$

（4）竖盘指标差　当视线水平时，盘左竖盘读数应为90°，盘右为270°。事实上，读数指标往往偏离正确位置（即90°或270°）而与正确位置相差一个小角度x，该角度称为竖盘指标差，简称指标差。指标差本身有正负号，一般规定当竖盘读数指标偏离方向与竖盘注记方向一致时x取正号，反之取负号。

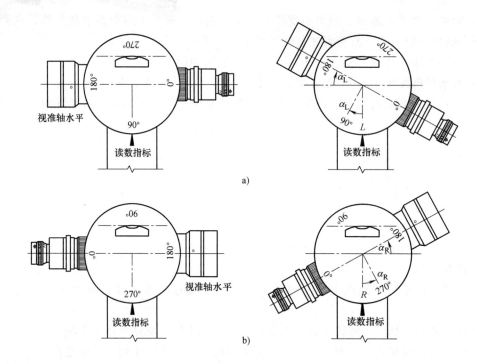

图 3-10　竖盘结构

a）盘左　b）盘右

竖指标差为

$$x = \left( \alpha_R - \alpha_L \right) / 2 \tag{3-4}$$

表 3-2　竖直角观测记录表

日期_____　班级_____　小组_____姓名_____

| 测站 | 目标 | 竖盘 | 竖盘读数/<br>(°'") | 半测回角值/<br>(°'") | 指标差/<br>(") | 一测回角值/<br>(°'") | 备注 |
|------|------|------|------|------|------|------|------|
| | | 左 | | | | | |
| | | 右 | | | | | |
| | | 左 | | | | | |
| | | 右 | | | | | |
| | | 左 | | | | | |
| | | 右 | | | | | |
| | | 左 | | | | | |
| | | 右 | | | | | |
| | | 左 | | | | | |
| | | 右 | | | | | |
| | | 左 | | | | | |
| | | 右 | | | | | |

## 任务三　经纬仪的校验

1. 任务目的

1）了解经纬仪主要轴线间应满足的几何关系。

2）掌握经纬仪的检验与校正的方法。

2. 任务准备

（1）场地布置　选一平坦开阔的场地，场地附近有较高的建筑物。

（2）仪器和工具　经纬仪1台、记录板1块、伞1把。

（3）实验课时和人员组织　实验课时为2学时，4~5人为1组，轮换进行。

3. 任务实施

（1）了解经纬仪主要轴线及其间应满足的几何关系　经纬仪轴线有视准轴 $CC$、横轴 $HH$、管水准器轴 $LL$、竖轴 $VV$，如图3-11所示。轴线应满足的关系如下：

1）$LL \perp VV$。

2）十字丝竖丝 $\perp HH$。

3）$CC \perp HH$。

4）$HH \perp VV$。

5）竖盘指标差 $x = 0$。

6）光学对中器的视准轴与竖轴重合。

（2）经纬仪的检验与校正

1）$LL \perp VV$ 的检验与校正。

① 检验：圆水准气泡居中，初平仪器。管水准器轴平行于一对脚螺旋，居中气泡，照准部旋转180°，气泡居中，则 $LL \perp VV$。

② 校正：校正针拨动管水准器一端校正螺钉，使气泡向中央移动偏距的一半，余下一半通过旋转与管水准器轴平行的一对脚螺旋完成。

2）十字丝竖丝 $\perp HH$ 的检验与校正。

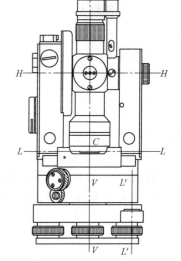

图3-11　经纬仪主要轴线

① 检验：用十字丝交点精确瞄准远处一目标 $P$，旋转水平微动螺旋，点左、右移动轨迹偏离十字丝横丝时要校正。

② 校正：卸下十字丝分划板护罩，松开4个压环螺钉，缓慢转动十字丝组，直到照准部水平微动时 $P$ 点始终在横丝上移动为止，最后旋紧4个压环螺钉。

3）$CC \perp HH$ 的检验与校正。

① 检验：平坦场地，选相距约100m 的 $A$、$B$ 两点，仪器安置于 $A$、$B$ 连线的中点。$A$ 点设置与仪器等高的标志，$B$ 点设置与仪器等高的水平标尺。垂直于视线 $OB$，盘左瞄 $A$ 点，固定照准部纵转望远镜，瞄 $B$ 尺读数 $B_1$，盘右瞄 $A$ 点，固定照准部纵转望远镜，瞄 $B$ 尺读数 $B_2$，$B_1 \neq B_2$ 需要校正。

② 校正：由 $B_2$ 点向 $B_1$ 点量取 $B_1B_2/4$ 长度定出 $B_3$ 点，$OB_3 \perp HH$ 用校正针拨动十字丝环的左右一对校正螺钉，十字丝交点与 $B_3$ 点重合完成校正后，应重复上述的检验操作直至

满足 $C<60''$ 为止。

4）$HH \perp VV$ 的检验与校正。横轴不垂直于竖轴，偏离正确位置的角值为 $i$。横轴误差 $i>20''$ 时，必须校正。

① 检验：高墙上固定清晰照准标志 $P$。距墙面 20 ~ 30m 安置经纬仪，盘左瞄准 $P$ 点，固定照准部。望远镜视准轴水平，墙面上定出 $P_1$ 点纵转望远镜，盘右瞄准 $P$ 点固定照准部，望远镜视准轴水平，墙面上定出 $P_2$ 点，横轴误差为

$$i = \frac{\Delta h}{L} \tag{3-5}$$

② 校正：打开仪器的支架护盖，调整偏心轴承环，抬高或降低横轴的一端使 $i=0$，需要在无尘的室内环境中，使用专用的平行光管进行操作，用户不具备条件时，一般交专业维修人员校正。

5）竖盘指标差 $x=0$ 的检验与校正。

① 检验：安置好仪器，盘左、盘右观测某清晰目标竖直角一测回，计算指标差 $x$。

盘左竖直角为

$$\alpha_L = 90° - L \tag{3-6}$$

盘右竖直角为

$$\alpha_R = R - 270° \tag{3-7}$$

指标差为

$$x = (\alpha_R - \alpha_L)/2 \tag{3-8}$$

② 校正：消除了指标差的盘右竖盘正确读数为 $R-x$。旋转竖盘指标管水准器微动螺旋，使竖盘读数为 $R-x$，此时竖盘指标管水准气泡必然不再居中，用校正针拨动竖盘指标管水准器校正螺钉，使气泡居中，该项校正需要反复进行。

6）光学对中器的视准轴与竖轴重合的检验与校正。

① 检验：地面上放置白纸，白纸上画"十"字形的标志，以标志点 $P$ 为对中标志安置仪器，旋转照准部 180°，点像偏离对中器分划板中心到 $P'$ 时，对中器视准轴与竖轴不重合，需要校正。

② 校正：在白纸上定出 $P'$ 与 $P$ 点的中点 $O$，转动对中器校正螺钉使对中器分划板中心对准 $O$ 点，需要反复进行。

## 知识拓展

### 角度测量的误差来源及消减方法

由于实验方法难以确保很完善，加上实验仪器灵敏度和分辨能力的局限性，以及周围环境不稳定等因素的影响，在观测过程中会产生误差。但是可以采取一些措施，尽可能地削弱误差的影响，使测量值更接近真实值，提高测量精度和质量。影响角度测量精度的原因很多，归纳起来主要有仪器误差、观测误差和外界条件的影响。

1. 仪器误差

（1）视准轴误差 望远镜视准轴不垂直于横轴时，其偏离垂直位置的角值 $C$ 称视准差或照准差；可采用盘左、盘右取平均值的方法加以消除。

（2）横轴误差 当竖轴铅垂时，横轴不水平，而有一偏离值 $i$，称横轴误差或支架差；

可采用盘左、盘右取平均值的方法加以消除。

（3）竖轴误差　观测水平角时，仪器竖轴不处于铅垂方向，而偏离一个 $\delta$ 角度，称竖轴误差；消除该误差的影响，在进行测量之前，应严格检验仪器是否正常。在观测的过程中也要注意始终保持照准部水准管气泡居中，并仔细地整平仪器。

2. 观测误差

（1）对中误差　观测水平角时，对中不准确，使得仪器中心与测站点的标志中心不在同一铅垂线上即对中误差，也称测站偏心；由于该误差不能通过观测的方法加以消除，因而在进行水平角的观测过程中，特别是当目标点距离测站点较近的时候，一定要严格地对中。

（2）目标偏心　当照准的目标与其他地面标志中心不在一条铅垂线上时，两点位置的差异称目标偏心或照准点偏心；在进行水平角的观测时，应始终保持标杆处于竖直，并尽量地瞄准标杆底部。

（3）读数误差　用分微尺测微器读数，可估读到最小格值十分之一，以此作为读数误差。

3. 外界条件的影响

观测在一定的条件下进行，外界条件对观测质量有直接影响。如松软的土壤和大风影响仪器的稳定，日晒和温度变化影响水准管气泡的运动，大气层受地面热辐射的影响会引起目标影像的跳动等，都会给观测水平角带来误差。因此，要选择目标成像清晰稳定的有利时间观测，设法克服或避开不利条件的影响，以提高观测成果的质量。

## 项目评价

本项目评价方法、评价内容和评价依据见表3-3。

表3-3　项目评价（三）

| 评价方法 | | |
|---|---|---|
| 采用多元评价法，教师点评、学生自评、互评相结合。观察学生参与、聆听、沟通表达自己看法、投入程度、完成任务情况等方面 | | |
| 评价内容 | 评价依据 | 权重 |
| 知识 | 1. 理解水平角、竖直角的测量原理，经纬仪校正原理<br>2. 掌握水平角、竖直角测量方法与步骤<br>3. 掌握内业计算的方法 | 40% |
| 技能 | 1. 能按要求测量水平角、竖直角<br>2. 能进行内业计算 | 40% |
| 学习态度 | 1. 是否出勤、预习<br>2. 是否遵守安全纪律，认真倾听教师讲述、观察教师演示<br>3. 是否按时完成学习任务 | 20% |

## 复习巩固

### 一、单项选择题

1. 经纬仪测角时，采用盘左和盘右两个位置观测取平均值的方法，不能消除的误差为（　）。

A. 视准轴误差　　　B. 横轴误差　　　C. 照准部偏心差　　　D. 水平度盘刻划误差

2. 用 DJ$_6$ 级经纬仪一测回观测水平角，盘左、盘右分别测得角度值之差的允许值一般规定为（ ）。

    A. ±40″             B. ±10″             C. ±20″             D. ±80″

3. 经纬仪的粗平操作应（ ）。

    A. 伸缩脚架          B. 平移脚架          C. 调节脚螺旋         D. 平移仪器

4. 经纬仪基座上有三个脚螺旋，其主要作用是（ ）。

    A. 连接脚架          B. 整平仪器          C. 升降脚架          D. 调节对中

5. DJ$_6$ 光学经纬仪的分微尺读数器最小估读单位为（ ）。

    A. 1°              B. 1′              C. 1″              D. 6″

6. 以下经纬仪型号中，其精度等级最高的是（ ）。

    A. DJ$_1$            B. DJ$_2$            C. DJ$_6$            D. DJ$_{07}$

7. 倾斜视线在水平视线的上方，则该垂直角（ ）。

    A. 称为仰角，角值为负               B. 称为仰角，角值为正

    C. 称为俯角，角值为负               D. 称为俯角，角值为正

8. 经纬仪上的水平度盘通常是（ ）。

    A. 顺时针方向刻划 0°~360°          B. 逆时针方向刻划 0°~360°

    C. 顺时针方向刻划 -180°~180°     D. 逆时针方向刻划 -180°~180°

9. 采用测回法观测水平角，盘左和盘右瞄准同一方向的水平度盘读数，理论上应（ ）。

    A. 相等           B. 相差 90°          C. 相差 180°         D. 相差 360°

10. 光学经纬仪的型号按精度可分为 DJ$_{07}$、DJ$_1$、DJ$_2$、DJ$_6$，工程上常用的经纬仪是（ ）。

    A. DJ$_{07}$、DJ$_1$     B. DJ$_{07}$、DJ$_2$     C. DJ$_{07}$         D. DJ$_2$、DJ$_6$

**二、填空题**

1. 水平角用于确定地面点位的_____。

2. 竖直角用于测定地面点的_____，或将竖直面中的_____换算成水平距离。

3. 测回法是测量水平角的基本方法，常用来观测_____目标之间的单一角水平角度。

4. 方向观测法，适用于在一个测站上观测_____方向间的角度。

5. 用方向观测法进行角度观测时，所选定的起始方向称为_____。

6. 水平角的变化范围是_____；竖直角的变化范围是_____。

7. DJ$_6$ 级经纬仪主要由_____、_____和_____三部分组成。

8. 采用盘左、盘右的水平角观测方法，可以消除_____误差。

**三、简答题**

1. 什么是水平角？

2. 什么是竖直角？

3. 经纬仪的技术操作包括那些步骤？

4. 经纬仪在结构上应该满足的几何关系有哪些？

5. 经纬仪对中和正平的目的分别是什么？

**四、计算题**

1. 整理表 3-4 中的测回法水平角观测记录。用 DJ$_6$ 光学经纬仪观测，要求半测差及各测回互差均小于±40"。

表 3-4　水平角观测记录表

| 测站 | 盘位 | 目标 | 水平度盘读数/<br>(° ′ ″) | 水平角 | | 各测回<br>平均角值/<br>(° ′ ″) |
| --- | --- | --- | --- | --- | --- | --- |
| | | | | 半测回角值/<br>(° ′ ″) | 一测回角值/<br>(° ′ ″) | |
| 第一<br>测回 | 左 | A | 0　01　00 | | | |
| | | B | 88　20　48 | | | |
| | 右 | A | 180　01　30 | | | |
| | | B | 268　21　12 | | | |
| 第二<br>测回 | 左 | A | 90　00　06 | | | |
| | | B | 178　19　36 | | | |
| | 右 | A | 270　00　36 | | | |
| | | B | 358　20　00 | | | |

2. 整理表 3-5 中的竖直角观测计算。所用仪器盘左视线水平时竖盘读数为 90°，上仰望远镜时读数减小。

表 3-5　竖直角观测记录表

| 测站 | 目标 | 盘位 | 竖盘读数/<br>(° ′ ″) | 半测回角值/<br>(° ′ ″) | 指标差/(″) | 一测回角值/<br>(° ′ ″) | 备注 |
| --- | --- | --- | --- | --- | --- | --- | --- |
| A | B | 左 | 78　18　24 | | | | 要求指标<br>差小于±30″ |
| | | 右 | 281　42　00 | | | | |
| | C | 左 | 91　32　42 | | | | |
| | | 右 | 268　27　30 | | | | |

# 项目四

# 距离测量

## 项目导入

测量距离是测量的基本工作之一，所谓距离是指两点间的水平长度。如果测得的是倾斜距离，还必须变换为水平距离。按照所用仪器、工具的不同，测量距离的方法有钢尺量距、光电测距和光学视距法等。

## 相关知识

### 一、钢尺量距

1. 钢尺量距的工具及原理

（1）量距的工具 钢尺是钢制的带尺，常用钢尺宽 10mm，厚 0.2mm，长度有 20m、30m 及 50m 几种，卷放在圆形盒内或金属架上。钢尺的基本分划为厘米，在每米及每分米处有数字注记。一般钢尺在起点处 1dm 内刻有毫米分划；有的钢尺整个尺长内都刻有毫米分划。由于尺的零点位置的不同，有端点尺和刻线尺的区别。端点尺（见图 4-1a）是以尺的最外端作为尺的零点，当从建筑物墙边开始丈量时使用很方便。刻线尺（见图 4-1b）是以尺前端的一刻线作为尺的零点。

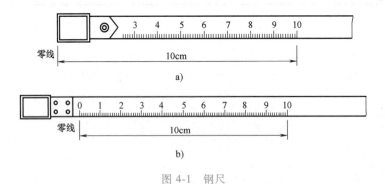

图 4-1 钢尺

丈量距离的工具，除钢尺外，还有标杆、测钎和锤球。标杆长 2.3m，直径 3.4cm，杆上涂以 20cm 间隔的红、白漆，以便远处清晰可见，用于标定直线。测钎用粗铁丝制成，用来标志所量尺段的起、迄点和计算已量过的整尺段数。测钎一组为 6 根或 11 根。锤球用来投点。此外还有弹簧秤和温度计，以控制拉力和测定温度，如图 4-2 所示。

（2）直线定线 当两个地面点之间的距离较长或地势起伏较大时，为使量距工作方便

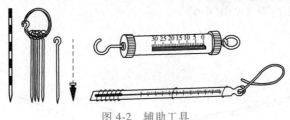

图 4-2　辅助工具

起见，可分成几段进行丈量。这种把多根标杆标定在已知直线上的工作称为直线定线（见图 4-3）。一般量距用目视定线。

图 4-3　直线定线

**2. 一般钢尺量距**

（1）平坦地面的距离丈量　丈量前，先将待测距离的两个端点 A、B 用木桩（桩上钉一小钉）标志出来，然后在端点的外侧各立一标杆，清除直线上的障碍物后，即可开始丈量。丈量工作一般由两人进行。后尺手持尺的零端位于 A 点，并在 A 点上插一测钎。前尺手持尺的末端并携带一组测钎的其余 5 根（或 10 根），沿 AB 方向前进，行至一尺段处停下。后尺手以手势指挥前尺手将钢尺拉在 AB 直线方向上，后尺手以尺的零点对准 A 点，当两人同时把钢尺拉紧、拉平和拉稳后，前尺手在尺的末端刻线处竖直地插下一测钎，得到点 1，这样便量完了一个尺段。随之后尺手拔起 A 点上的测钎与前尺手共同举尺前进，用同样方法量出第二尺段。如此继续丈量下去，直至最后不足一整尺段（n−B）时，前尺手将尺上某一整数分划线对准 B 点，由后尺手对准 n 点在尺上读出读数，两数相减，即可求得不足一尺段的余长，为了防止丈量中发生错误及提高量距精度，距离要往、返丈量。上述为往测，返测时要重新进行定线，取往、返测距离的平均值作为丈量结果。量距精度以相对误差表示，通常化为分子为 1 的分式形式（见图 4-4）。

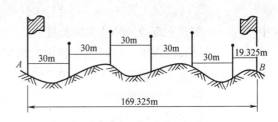

图 4-4　平坦地面距离测量

AB 水平距离

$$AB = nL + d \tag{4-1}$$

式中　　L——整段尺；

　　　　d——余长。

（2）倾斜地面距离丈量　地面坡度较小时，直线定线后，可将钢尺抬平直接量取两点间的平距（见图 4-5）。

地面坡度较大时，钢尺抬平有困难，可沿着地面丈量倾斜距离 s，用水准仪测定两点间

的高差 $h$，计算水平距离 $D$（见图4-6）。

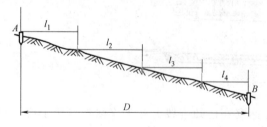

图4-5 坡度较小地面距离测量

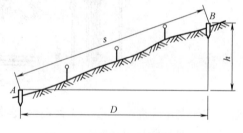

图4-6 坡度较大地面距离测量

$$D = l_1 + l_2 + \cdots + l_n \qquad (4\text{-}2)$$

$$D = \sqrt{s^2 - h^2} \qquad (4\text{-}3)$$

（3）一般钢尺量距精度要求　量距精度通常用相对误差 $K$ 来衡量

$$K = \frac{|D_{\text{往}} - D_{\text{返}}|}{(D_{\text{往}} + D_{\text{返}})/2} \qquad (4\text{-}4)$$

平坦地区，用钢尺量距精度不应低于 1/3000；在山区，不应低于 1/1000。

若丈量相对误差不超限，取往、返测距的平均值作为直线 $AB$ 最终的水平距离（m）：

$$D = (D_{\text{往}} - D_{\text{返}})/2 \qquad (4\text{-}5)$$

3. 钢尺检定

（1）尺长方程式　钢尺由于其制造误差、经常使用中的变形及丈量时温度和拉力不同的影响，使得其实际长度往往不等于名义长度。因此，丈量之前必须对钢尺进行检定，求出它在标准拉力和标准温度下的实际长度，以便对丈量结果加以改正。钢尺检定后，应给出尺长随温度变化的函数式，通常称为尺长方程式，其一般形式为

$$l_{\text{真}} = l_{\text{名}} + \Delta l + l_{\text{名}}\, \alpha (t - t_0) \qquad (4\text{-}6)$$

式中　$l_{\text{真}}$——钢尺在温度 $t$ 时的实际长度；

　　　　$\Delta l$——尺长改正数，$t_0$ 时钢尺检定时的实际长度减去钢尺名义长度；

　　　　$\alpha$——线胀系数数值为 $1.25 \times 10^{-5}/℃$；

　　　　$t$——钢尺使用时温度；

　　　　$t_0$——检定时温度（20℃）。

（2）钢尺检定的方法　钢尺应送设有检定室的测绘单位校定，但若有检定过的钢尺，在精度要求不高时，可用检定过的钢尺作为标准尺来检定其他钢尺。检定宜在室内水泥地面上进行，在地面上贴两张绘有十字标志的图纸，使其间距约为一整尺长。用标准尺施加标准拉力丈量这两个标志之间的跟离，并修正端点使该距离等于标准尺的长度。然后再将被检定的钢尺施加标准拉力丈量该两标志间的距离，取多次丈量结果的平均值作为被检定钢尺的实际长度，从而求得尺长方程式。

4. 钢尺量距的误差分析

（1）定线误差　丈量时钢尺偏离定线方向，其测线为一折线，将导致丈量结果偏大。精密量距时用经纬仪定线，其误差可忽略不计。

（2）尺长误差　钢尺必须经过检定以求得其尺长改正数。尺长误差具有系统积累性，它与

所量距离成正比。精密量距时，钢尺虽经检定并在丈量结果中进行了尺长改正，其成果中仍存在尺长误差，因为一般尺长检定方法只能达到0.5mm左右的精度。一般量距时可不作尺长改正。

（3）温度误差　由于用温度计测量温度，测定的是空气的温度，而不是钢尺本身的温度，在夏季阳光暴晒下，此两者温度之差可大于5℃。因此，量距宜在阴天进行，并要设法测定钢尺本身的温度。

（4）拉力误差　钢尺具有弹性，会因受拉而伸长。量距时，如果拉力不等于标准拉力，钢尺的长度就会产生变化。精密量距时，用弹簧秤控制标准拉力，一般量距时拉力要均匀，不要或大或小。

（5）钢尺垂曲和反曲的误差　钢尺悬空丈量时，中间下垂，称为垂曲。故在钢尺检定时，应按悬空与水平两种情况分别检定，得出相应的尺长方程式，按实际情况采用相应的尺长方程式进行成果整理，这项误差可以不计。

（6）丈量本身的误差　丈量本身的误差包括由于人的鉴别能力不同，造成的读数误差；插测钎不准确产生的误差；地面倾斜产生的误差。因此根据精度要求选择合适的测量方法，重复多次测量都可以减小误差。

## 二、视距测量

视距测量的基本原理：利用望远镜内的视距装置配合视距尺，根据光学和三角几何学原理，同时测定距离和高差的方法。精度为1/200～1/300。

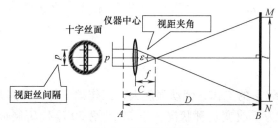

图4-7　视距测量原理

如图4-7所示，$K$为视距乘常数；$C$为视距加常数。

$$K = \frac{f}{p} \tag{4-7}$$

式中　$f$——物镜焦距；

　　　$p$——上、下视距丝的间距。

1. 水平视距测量方法（图4-8）

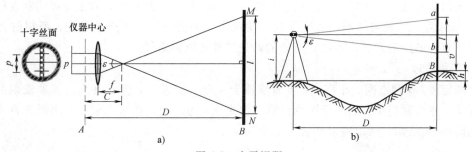

a)　　　　　　　　　　　b)

图4-8　水平视距

视线水平时两点间距离 $D$，根据 $\dfrac{D-C}{f}=\dfrac{l}{p}$

可得

$$D=\frac{f}{p}l+C\approx Kl \tag{4-8}$$

式中　$C$——视距加常数；

　　　$L$——水准尺间距。

视线水平时两点间高差 $h$

$$h=i-v \tag{4-9}$$

$B$ 点的高程

$$H_B=H_A+h=H_A+i-v \tag{4-10}$$

式中　$i$——仪器高；

　　　$v$——中丝读数。

2. 倾斜视距测量方法（图 4-9）

由图 4-9 可知，$BN=D\tan\left(\alpha-\dfrac{\varepsilon}{2}\right)$

$$BM=D\tan\left(\alpha+\frac{\varepsilon}{2}\right)$$

$$l=BM-BN$$

可得

$$D=kl\cos^2\alpha \tag{4-11}$$

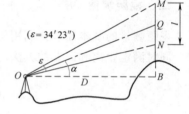

图 4-9　倾斜视距

### 三、光电测距

1. 概况

长距离丈量是一项繁重的工作，劳动强度大，工作效率低，尤其是在山区或沼泽区，丈量工作更是困难。人们为了改变这种状况，于 20 世纪 50 年代研制成了光电测距仪。近年来，由于电子技术及微处理器的迅猛发展，各类光电测距仪竞相出现，已在测量工作中得到了普遍的应用。

电磁波测距按测程来分，分为短程（<3km）、中程（3~15km）和远程（>15km）。按测距精度来分，分为Ⅰ级（5mm）、Ⅱ级（5~10mm）和Ⅲ级（>10mm）。按载波来分，采用微波段的电磁波作为载波的称为微波测距仪；采用光波作为载波的称为光电测距仪。光电测距仪所使用的光源有激光光源和红外光源（普通光源已淘汰），采用红外线波段作为载波的称为红外测距仪。由于红外测距仪是以砷化镓（GaAs）发光二极管所发的荧光作为载波源，发出的红外线的强度能随注入电信号的强度而变化，因此它兼有载波源和调制器的双重功能。GaAs 发光二极管体积小，亮度高，功耗小，寿命长，且能连续发光，所以红外测距仪获得了更为迅速的发展。本项目讨论的就是红外光电测距仪。

2. 测距原理

欲测定 $A$、$B$ 两点间的距离 $D$，安置仪器于 $A$ 点，安置反射镜于 $B$ 点。仪器发射的光束由 $A$ 至 $B$，经反射镜反射后又返回到仪器。设光速 $c$ 为已知，如果光束在待测距离 $D$ 上往返传播的时间 $t_{2D}$ 已知，则距离 $D$ 可由下式求出

$$D=ct_{2D}/2 \tag{4-12}$$

式中　$c$——真空中的光速值，其值为 299792458m/s；

测定距离的精度，主要取决于测定时间 $t_{2D}$ 的精度，即要求测定误差小于 1cm 时，时间测定要求准确到 $6.7 \times 10^{-11}$s，这是难以做到的。因此，大多采用间测定法来测定 $t_{2D}$。间接测定 $t_{2D}$ 的方法有下列两种：

（1）脉冲法测距　由测距仪的发射系统发出光脉冲，经被测目标反射后，再由测距仪的接收系统接收，测出这一光脉冲往返所需时间间隔的钟脉冲的个数以求得距离 $D$（见图 4-10）。由于计数器的频率一般为 300MHz（$300 \times 10^{6}$Hz），测距精度为 0.5m，精度较低。

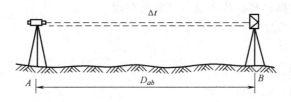

图 4-10　脉冲法测距

（2）相位法测距　由测距仪的发射系统发出一种连续的调制光波，测出该调制光波在测线上往返传播所产生的相位差，以测定距离 $D$。红外光电测距仪一般都采用相位法测距。

在 GaAs 发光二极管上加了频率为 $f$ 的交变电压（即注入交变电流）后，它发出的光强就随注入的交变电流呈正弦变化，这种光称为调制光。测距仪在 $A$ 点发出的调制光在待测距离上传播，经反射镜反射后被接收器所接收，然后用相位计将发射信号与接收信号进行相位比较，由显示器显出调制光在待测距离往、返传播所引起的相位移 $\phi$（见图 4-11）。

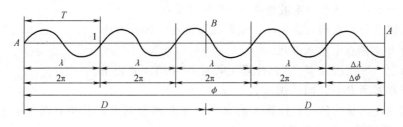

图 4-11　相位法测距

## 技能训练

### 任务一　地形测量

1. 任务目的

掌握控制测量、碎部测量方法，能够测绘出地形图，掌握测绘工作的基本方法。

2. 任务准备

1）实验时数安排两学时，每个实验小组 6 人。

2）每个实验小组配备水准仪、经纬仪、视距尺、计算器、测绘板。

### 3. 任务实施

1）制订工作计划，确定实施方案。

2）收集测区已有资料，并根据实际情况编制地形测量技术设计书。

3）组织人员，成立项目部，设立技术组及质量检查组。

4）准备各类测绘仪器及器材，制作测量标志等。

5）进行控制测量。

6）进行地形图野外数据采集，包括各地物点、地形点的平面位置和高程数据。

7）内业计算机数据处理，成图及各种资料整理。

8）质量检查及验收工作。

### 4. 注意事项

1）合理使用仪器，并且规范。

2）合适时间观测，记录要清晰。

## 任务二　视距测量

### 1. 任务目的

掌握用普通视距法观测水平距离、高差的作业程序和计算方法。

### 2. 任务准备

1）实验时数安排两学时，每个实验小组 6 人。

2）每个实验小组配备水准仪、经纬仪、视距尺、计算器、记录板。

### 3. 任务实施

1）在地面上选定具有一定坡度的 $A$、$B$ 两水准点。

2）安置仪器与 $A$ 水准点，精平，量取仪器高度，锤球对中。

3）瞄准 $B$ 水准点上的水准尺。

4）读取上、下丝读数 $M$、$N$，计算尺间隔 $l=M-N$，并记录。

5）将仪器搬到 $B$ 点，同法观测。

6）根据视距测量的公式，计算 $A$ 到 $B$ 的水平距离和高差，若相对误差小于 1/300，取平均值作为最后结果，反之重测。

### 4. 注意事项

1）消除视差，标尺读数要正确，标尺要竖直。

2）合适时间观测，记录要清晰。

### 5. 上交实验报告（表 4-1）

表 4-1　视距测量

日期：_____ 测站名称：_____ 测站高程：_____ 观测者：_____

天气：_____ 仪器编号：_____ 仪器高：_____ 记录者：_____

| 测点 | 上丝 /m | 下丝 /m | 视距间隔 /m | 中丝 /m | 竖盘读数 | | 指标差 /(″) | 竖直角 /(°′″) | 高差 /m | 测点高程/m | 水平距离/m |
|---|---|---|---|---|---|---|---|---|---|---|---|
| | | | | | 盘左/(°′″) | 盘右/(°′″) | | | | | |
| | | | | | | | | | | | |
| | | | | | | | | | | | |

## 任务三　钢尺量距

1. 任务目的

1）掌握钢尺量距的一般方法。

2）钢尺量距时，读数及计算长度精确至毫米。

3）钢尺量距时，先量取整尺段，最后量取余长。

4）钢尺往、返丈量的相对精度应高于1/3000，则取往、返平均值作为该直线的水平距离，否则重新丈量。

2. 任务准备

1）实验时数安排两学时，每个实验小组6人。

2）每个实验小组配备50m钢尺一把，标杆3支，记录板1块。

3. 任务实施

1）在地面上选定相距约180m的A、B两点插测钎作为标志，用目估法定向。

2）往测：后尺手持钢尺零点端对准A点，前尺手持尺盒和一个花杆向AB方向前进，至一尺段钢尺全部拉出时停下，由后尺手根据A点的标杆指挥前尺手将钢尺定向，前、后尺手拉紧钢尺，由前尺手喊"预备"，后尺手对准零点后喊"好"，前尺手在整50m处记下标志，完成一尺段的丈量，依次向前丈量各整尺段；到最后一段不足一尺段时为余长，后尺手对准零点后，前尺手在尺上根据B点测钎读数（读至mm）；记录者在丈量过程中在"钢尺量距记录表"上记下整尺段数及余长，得往测总长。

3）返测：由B点向A点用同样方法测量。

4）根据往测和返测的总长计算往返差数、相对精度，最后取往返总长的平均数。

4. 注意事项

1）制订工作计划，确定实施方案。

2）收集测区已有资料，并根据实际情况编制地形测量技术设计书。

5. 上交实验报告（表4-2）

表4-2　钢尺量距记录表

| 直线编号 | 方向 | 整段尺长/m | 余长/m | 全长/m | 往返平均值/m | 相对误差 |
|---|---|---|---|---|---|---|
|  |  |  |  |  |  |  |
|  |  |  |  |  |  |  |
|  |  |  |  |  |  |  |
|  |  |  |  |  |  |  |

## 知识拓展

### 全站仪简介

随着科学技术的不断发展，由光电测距仪、电子经纬仪、微处理仪及数据记录装置融为一体的电子速测仪（简称全站仪）正日臻成熟，逐步普及。这标志着测绘仪器的研究水平、制造技术、科技含量、适用性程度等，都达到了一个新的阶段。全站仪是指能自动地测量角度和距离，并能按一定程序和格式将测量数据传送给相应的数据采集器。全站仪自动化程度高，功能多，精度好，通过配置适当的接口，可使野外采集的测量数据直接进入计算机进行数据处理或进入自动化绘图系统。与传统的方法相比，省去了大量的中间人工操作环节，使工作效率和经济效益明显提高，同时也避免了人工操作、记录等过程中差错率较高的缺陷。

全站仪的生产厂家很多，主要的厂家及相应生产的全站仪系列有：瑞士徕卡公司生产的TC 系列；日本 TOPCON（拓普康）公司生产的 GTS 系列；日本索佳公司生产的 SET 系列；日本宾得公司生产的 PCS 系列；日本尼康公司生产的 DMT 系列；瑞典捷创力公司生产的GDM 系列。我国南方测绘仪器公司于 20 世纪 90 年代生产的 NTS 系列全站仪填补了我国的空白，正以崭新的面貌走向国内外市场。

全站仪的工作特点有以下几方面：

1）能同时测角、测距并自动记录测量数据；

2）设有各种野外应用程序，能在测量现场得到归算结果；

3）能实现数据流。

## 一、常见全站仪

如图 4-12a、b、c、d、e 所示为各种常见全站仪。

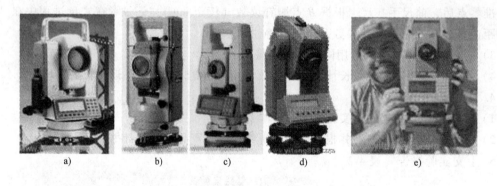

a)  b)  c)  d)  e)

图 4-12　常见全站仪

a）宾得全站仪 PTS. V2　b）尼康 C. 100 全站仪　c）智能全站仪 GTS. 710
d）蔡司 Elta R 系列工程全站仪　e）徕卡 TPS1100 系列智能全站仪

## 二、全站仪的功能

（1）角度测量

（2）距离测量

（3）坐标测量

（4）点位放样

（5）程序测量

### 三、全站仪仪器面板外观和功能说明

面板上按键功能如下：

⬁——进入坐标测量模式键。

◢ ——进入距离测量模式键。

ANG——进入角度测量模式键。

MENU——进入主菜单测量模式键。

ESC——用于中断正在进行的操作，退回到上一级菜单。

POWER——电源开关键。

◀▶ ——光标左右移动键。

▲ ▼ ——光标上下移动、翻屏键。

F1、F2 、F3 、F4 ——软功能键，其功能分别对应显示屏上相应位置显示的命令。

显示屏上显示符号的含义：

V——竖盘读数；

HR ——水平读盘读数（右向计数）；

HL ——水平读盘读数（左向计数）；

HD——水平距离；

VD——仪器望远镜至棱镜间高差；

SD——斜距；

＊ ——正在测距；

N——北坐标，$x$；

E——东坐标，$y$；

Z——天顶方向坐标，高程 $H$。

### 四、全站仪使用的注意事项与维护

1. 全站仪保管的注意事项

1）仪器的保管由专人负责，每天现场使用完毕带回办公室，不得放在现场工具箱内。

2）仪器箱内应保持干燥，要防潮防水并及时更换干燥剂。仪器须放置专门架上或固定位置。

3）仪器长期不用时，应1月左右定期通风防霉，并通电驱潮，以保持仪器良好的工作状态。

4）仪器放置要整齐，不得倒置。

2. 使用时应注意事项

1）开工前应检查仪器箱背带及提手是否牢固。

2）开箱后提取仪器前，要看准仪器在箱内放置的方式和位置，装卸仪器时，必须握住提手，将仪器从仪器箱取出或装入仪器箱时，应握住仪器提手和底座，不可握住显示单元的下部。切不可拿仪器的镜筒，否则会影响内部固定部件，从而降低仪器的精度。应握住仪器的基座部分，或双手握住望远镜支架的下部。仪器用毕，先盖上物镜罩，并擦去表面的灰

尘。装箱时各部位要放置妥帖，合上箱盖时应无障碍。

3）在太阳光照射下观测仪器，应给仪器打伞，并带上遮阳罩，以免影响观测精度。在杂乱环境下测量，仪器要有专人守护。当仪器架设在光滑的表面时，要用细绳（或细铅丝）将三脚架三个脚连起来，以防滑倒。

4）当架设仪器在三脚架上时，尽可能用木制三脚架，因为使用金属三脚架可能会产生振动，从而影响测量精度。

5）当测站之间距离较远，搬站时应将仪器卸下，装箱后背着走。行走前要检查仪器箱是否锁好，检查安全带是否系好。当测站之间距离较近，搬站时可将仪器连同三脚架一起靠在肩上，但仪器要尽量保持直立放置。

6）搬站之前，应检查仪器与脚架的连接是否牢固。搬运时，应把制动螺旋略微拧紧，使仪器在搬站过程中不致晃动。

7）仪器任何部分发生故障，不勉强使用，应立即检修，否则会加剧仪器的损坏程度。

8）元件应保持清洁，如沾染灰尘必须用毛刷或柔软的擦镜纸擦掉。禁止用手指抚摸仪器的任何光学元件表面。清洁仪器透镜表面时，请先用干净的毛刷扫去灰尘，再用干净的无线棉布蘸酒精由透镜中心向外一圈圈地轻轻擦拭。除去仪器箱上的灰尘时切不可用任何稀释剂或汽油，而应用干净的布块蘸中性洗涤剂擦洗。

9）在湿环境中，作业结束后，要用软布擦干仪器表面的水分及灰尘后装箱。回到办公室后立即开箱取出仪器放于干燥处，彻底晾干后再装箱内。

10）冬天室内外温差较大时，仪器搬出室外或搬入室内，应隔一段时间后才能开箱。

3. 电池的使用

全站仪的电池是全站仪最重要的部件之一，现在全站仪所配备的电池一般为 NiMH（镍氢电池）和 NiCd（镍镉电池），电池的好坏、电量的多少决定了在外作业时间的长短。

1）建议在电源打开期间不要将电池取出，因为此时存储数据可能会丢失，所以在电源关闭后再装入或取出电池。

2）可充电电池可以反复充电使用，但是如果在电池还存有剩余电量的状态下充电，则会缩短电池的工作时间，此时，电池的电压可通过刷新予以复原，从而改善作业时间。充足电的电池放电时间约需 8h。

3）不要连续进行充电或放电，否则会损坏电池和充电器，如有必要进行充电或放电，则应在停止充电约 30min 后再使用充电器。

4）超过规定的充电时间会缩短电池的使用寿命，应尽量避免。电池剩余容量显示级别与当前的测量模式有关，在角度测量的模式下，电池剩余容量够用，并不能够保证电池在距离测量模式下也能用，因为距离测量模式耗电高于角度测量模式。当从角度模式转换为距离模式时，由于电池容量不足，有时会中止测距。

总之，只有在日常的工作中，注意全站仪的使用和维护，注意全站仪电池的充放电，才能延长全站仪的使用寿命，使全站仪的功效发挥到最大。

## 项目评价

本项目的评价方法、评价内容和评价依据见表4-3。

表4-3 项目评价（四）

| 评 价 方 法 | | |
| --- | --- | --- |
| 采用多元评价法,教师点评、学生自评、互评相结合。观察学生参与、聆听、沟通表达自己看法、投入程度、完成任务情况等方面 | | |
| 评价内容 | 评价依据 | 权重 |
| 知识 | 1. 掌握距离测量的不同方法及其原理<br>2. 掌握距离测量所用仪器的使用方法<br>3. 掌握误差控制的方法 | 40% |
| 技能 | 1. 能按精度要求进行钢尺量距<br>2. 能用全站仪进行距离测量 | 40% |
| 学习态度 | 1. 是否出勤、预习<br>2. 是否遵守安全纪律,认真倾听教师讲述、观察教师演示<br>3. 是否按时完成学习任务 | 20% |

## 复习巩固

### 一、单项选择题

1. 若钢尺的尺长方程式为：$l_t = 30m + 0.008m + 1.25 \times 10^{-5} \times 30 \times (t-20℃)$ m，则用其在26.8℃的条件下丈量一个整尺段的距离时，其温度改正值为（ ）。

　A. -2.45mm　　　B. +2.45mm　　　C. -1.45mm　　　D. +1.45mm

2. 某钢尺的尺长方程为：$l_t = 30m + 0.003m + 1.25 \times 10^{-5} \times 30 \times (t-20℃)$。现用该钢尺量的AB的距离为100.00m，则距离AB的尺长改正数为（ ）。

　A. -0.010m　　　B. -0.007m　　　C. +0.005m　　　D. +0.007m

3. 某钢尺的尺长方程为：$l_t = 30m + 0.003m + 1.25 \times 10^{-5} \times 30 \times (t-20℃)$。则该尺的名义长度为（ ）。

　A. 29.997m　　　B. 30.003m　　　C. 0.003　　　D. 30m

4. 某钢尺的尺长方程为：$l_t = 30m + 0.003m + 1.25 \times 10^{-5} \times 30 \times (t-20℃)$。则该尺在标准温度和拉力的情况下，其实际长度为（ ）。

　A. 29.997m　　　B. 30.003m　　　C. 0.003m　　　D. 30m

5. 对某一段距离丈量了三次，其值分别为：29.8535m、29.8545m、29.8540m，且该段距离起始之间的高差为-0.152m，则该段距离的值和高差改正值分别为（ ）。

　A. 29.8540m；-0.4mm　　　B. 29.8540m；+0.4mm

　C. 29.8536m；-0.4mm　　　D. 29.8536m；+0.4mm

6. 对一距离进行往、返丈量，其值分别为72.365m和72.353m，则其相对误差为（ ）。

　A. 1/6030　　　B. 1/6029　　　C. 1/6028　　　D. 1/6027

7. 已知直线AB间的距离为29.146m，用钢尺测得其值为29.134m，则该观测值的真差为（ ）。

　A. +0.012m　　　B. -0.012m　　　C. +0.006m　　　D. -0.006m

8. 某钢尺名义长度为 30m，与标准长度比较得实际长度为 30.015m，则用其量得两点间的距离为 64.780m，该距离的实际长度是（    ）。

A. 64.748m    B. 64.812m    C. 64.821m    D. 64.784m

9. 某钢尺的名义长度为 30m，其在标准条件检定时的实际长度为 30.012m，则其尺长改正为（    ）。

A. −0.012m    B. +0.012mm    C. −0.006mm    D. +0.006mm

10. 某钢尺的名义长度为 30m，其在标准条件检定时的实际长度为 30.012m，设钢尺的线胀系数为 $1.2×10^{-5}/℃$，则其尺长方程为（    ）。

A. $l = 30m + 0.012m + 1.2×10^{-5}×30×(t-20℃)m$

B. $l = 30m - 0.012m + 1.2×10^{-5}×30×(t-20℃)m$

C. $l = 30m + 0.012m + 1.2×10^{-5}×(t-20℃)m$

D. $l = 30m - 0.012m + 1.2×10^{-5}×(t-20℃)m$

## 二、简答题

1. 直线定线的概念是什么？为什么要采用直线定线？

2. 钢尺量距有哪几种方法？

3. 简述钢尺检定的方法。

4. 钢尺量距产生误差的原因是什么，以及如何避免大误差？

5. 视距测量、光电测量的原理是什么？

6. 全站仪的优点是什么，如何使用与维护？

## 三、名词解释

1. 视距测量

2. 直线定线

3. 端点尺

4. 刻划尺

5. 尺长改正

6. 相对误差

7. 电磁波测距仪

8. 相位式测距

## 四、计算题

1. 丈量两段距离，一段往测为 126.78m，返测为 126.68m，另一段往测、返测分别为 357.23m 和 357.33m。问哪一段丈量的结果比较精确，为什么？两段距离丈量的结果各等于多少？

2. 假设丈量了两段距离，结果为：$D_{11} = 528.46m ± 0.21m$；$D_{12} = 517.25m ± 0.16m$。试比较这两段距离的测量精度。

3. 设拟测 AB 的水平距离 $D_0 = 18m$，经水准测量得相邻桩之间的高差 $h = 0.115m$。精密丈量时所用钢尺的名义长度 $l_0 = 30m$，实际长度 $l = 29.997m$，线胀系数 $α = 1.25×10^{-5}$，检定钢尺时的温度 $t = 20℃$。试求在 4℃ 环境下测设时在地面上应量出的长度 D。

# 项目五

# 小地区控制测量

## 项目导入

主要讲述控制测量的原理及方法。重点介绍导线测量、小三角测量原理和平差计算方法；三、四等水准测量和三角高程测量原理及方法。了解控制测量的基本概念、作用、布网原则和基本要求；掌握导线的概念、布设形式和等级技术要求；掌握导线测量外业操作（踏勘选点、测角、量边）和内业计算方法（闭合、附合导线坐标计算）；理解高程控制测量概念，掌握三、四等水准测量和三角高程测量的方法和要求。

## 相关知识

### 一、控制测量概述

测绘的基本工作是确定地面上地物和地貌特征点的位置，即确定空间点的三维坐标。这样的工作若从一个原点开始，逐步依据前一个点测定后一个点的位置，必然会将前一个点的误差带到后一个点上。这样测量方法误差逐步积累，将会达到惊人的程度。所以，为了保证所测点位的精度，减少误差积累，测量工作必须遵循"从整体到局部""由高级到低级""先整体后碎部"的组织原则。为此，必须首先建立控制网，然后根据控制网进行碎步测量和测设。由在测区内所选定的若干个控制点构成的几何图形，称为控制网。

控制网分为平面控制网和高程控制网两种。测定控制点平面位置（$x$、$y$）的工作称为平面控制测量，测定控制点高程（$H$）的工作称为高程控制测量。

在全国范围内建立的控制网，称为国家控制网。它是全国各种比例尺测图的基本控制网，并为确定地球的形状和大小提供研究资料。国家控制网是用精密测量仪器和方法依照施测精度按一、二、三、四共4个等级建立的，其低级点受高级点逐级控制。

1. 平面控制测量

平面控制测量是确定控制点的平面位置。建立平面控制网的经典方法有三角测量和导线测量。如图5-1所示，$A$、$B$、$C$、$D$、$E$、$F$组成互相邻接的三角形，观测所有三角形的内角，并至少测量其中一条边长作为起算边，通过计算就可以获得它们之间的相对位置。这种三角形的顶点称为三角点，构成的网形称为三角网，进行这种控制测量称为三角测量。

又如图5-2中控制点1、2、3、…用折线连接起来，测量各边的长度和各转折角，通过计算同样可以获得它们之间的相对位置。这种控制点称为导线点，进行这种控制测量称为导线测量。

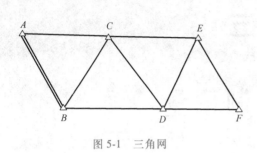

图 5-1　三角网

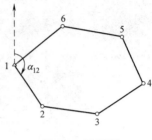

图 5-2　导线网

平面控制网除了经典的三角测量和导线测量外，还有卫星大地测量。目前常用的是 GPS 卫星定位。如图 5-3 所示，在 A、B、C、D 控制点上，同时接收 GPS 卫星 $S_1$、$S_2$、$S_3$、$S_4$ 发射的无线电信号，从而确定地面点位，称为 GPS 控制测量。

国家平面控制网是在全国范围内建立的控制网。它是全国各种比例尺测图和工程建设的基本控制网，也为空间科学技术和军事提供精确的点位坐标、距离和方位资料，并为研究地球大小和形状、地震预报等提供重要资料。逐级控制分为一、二、三、四等三角测量和精密导线测量。如图 5-4 所示为部分地区国家一、二等三角控制网的示意图。

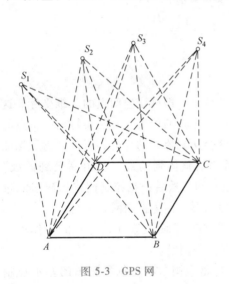

图 5-3　GPS 网

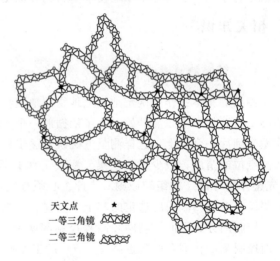

图 5-4　部分地区国家一、二等三角网

2. 高程控制测量

国家高程控制网采用精密水准测量的方法，同样按精度分为一、二、三、四等 4 个等级。

一等水准网是国家高程控制网的骨干。二等水准网布设于一等水准网环内，是国家高程控制网的全面基础。三、四等水准网是二等水准网的进一步加密，直接为各种测图和工程建设提供必需的高程控制点，三、四等水准测量除用于国家高程控制网的加密外，在小地区用作建立首级高程控制网。为了城市建设的需要所建立的高程控制称为城市水准测量，采用二、三、四等水准测量及直接为测地形图用的图根水准测量，其技术要求列于表 5-1。

表 5-1　城市与图根水准测量主要技术依据

| 等级 | 每千米高差中数中误差 | | 测段、区段、路线往返测高差不符值 | 测段、路线的左右路线高差不符值 | 附合路线或环线闭合差 | | 检测已测测段高差之差 |
| --- | --- | --- | --- | --- | --- | --- | --- |
| | 偶然中误差（$M_\Delta$） | 全中误差（$M_W$） | | | 平原丘陵 | 山区 | |
| 二等 | $\leqslant \pm 1$ | $\leqslant \pm 2$ | $\leqslant \pm 4\sqrt{L_s}$ | — | $\leqslant \pm 4\sqrt{L}$ | | $\leqslant \pm 6\sqrt{L_i}$ |
| 三等 | $\leqslant \pm 3$ | $\leqslant \pm 6$ | $\leqslant \pm 12\sqrt{L_s}$ | $\leqslant \pm 8\sqrt{L_s}$ | $\leqslant \pm 12\sqrt{L}$ | $\leqslant \pm 15\sqrt{L}$ | $\leqslant \pm 20\sqrt{L_i}$ |
| 四等 | $\leqslant \pm 5$ | $\leqslant \pm 10$ | $\leqslant \pm 20\sqrt{L_s}$ | $\leqslant \pm 14\sqrt{L_s}$ | $\leqslant \pm 20\sqrt{L}$ | $\leqslant \pm 25\sqrt{L}$ | $\leqslant \pm 30\sqrt{L_i}$ |
| 图根 | | | | | $\leqslant \pm 40\sqrt{L}$ | | |

## 二、导线测量

导线测量布设灵活，要求通视方向少，边长可直接测定，适宜布设在视野不够开阔的地区，如城市、厂区、矿山建筑区、森林等，也适用于狭长地带的控制测量，如铁路、隧道、渠道等。随着全站仪的普及，一测站可同时完成测距和测角，导线测量方法广泛地用于控制网的建立，特别是图根导线的建立。

1. 导线测量的布设形式

导线测量的布设形式有以下几种。

（1）闭合导线　导线的起点和终点为同一个已知点，形成闭合多边形，如图 5-5a 所示，$B$ 点为已知点，$P_1$、$\cdots$、$P_x$ 为待测点，$\alpha_{ab}$ 为已知方向。

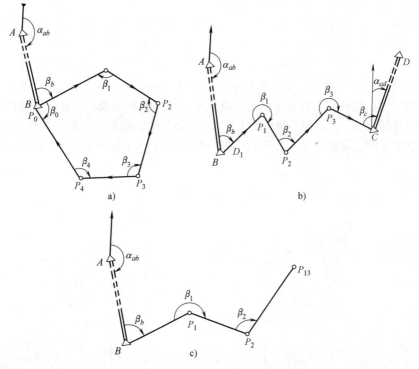

图 5-5　导线的基本形式

（2）附合导线　敷设在两个已知点之间的导线称为附合导线，如图 5-5b 所示，$B$ 点为已知点，$\alpha_{ab}$ 为已知方向，经过 $P_i$ 点最后附合到已知点 $C$ 和已知方向 $\alpha_{cd}$。

（3）支导线　从一个已知点出发不回到原点，也不附合到另外已知点的导线称为支导线，支导线也称自由导线，如图 5-5c 所示。由于支导线无法检核，故布设时应十分仔细，规范规定支导线不得超过 3 条边。

2. 导线测量外业工作

导线测量外业工作包括踏勘选点、角度测量、边长测量。

（1）踏勘选点　在踏勘选点前应尽量搜集测区的有关资料，如地形图、已有控制点的坐标和高程，及控制点点之记。在图上规划导线布设方案，然后到现场选点，埋标志。

选点注意事项：

1）导线点应选在土质坚硬，能长期保存和便于观测的地方。

2）相邻导线点间通视良好，便于测角、量边。

3）导线点视野开阔，便于测绘周围地物和地貌。

4）导线边长应大致相等，避免过长、过短，相邻边长之比不应超过 3 倍。

导线点选定后，应在地面上建立标志，并沿导线走向顺序编号，绘制导线略图。对等级导线点应按规范埋设混凝土桩（见图 5-6a），并在导线点附近的明显地物（房角、电杆）上用油漆注明导线点编号和距离，并绘制草图，注明尺寸，称为点之记（见图 5-6b）。

（2）外业测量

1）边长测量：导线边长常用电磁波测距仪测定。由于测的是斜距，因此要同时测竖直角，进行平距改正。图根导线也可采用钢尺量距。往、返丈量的相对精度不得低于 1/3000，特殊困难地区允许 1/1000，并进行倾斜改正。

2）角度测量：导线角度测量有转折角测量和连接角测量两种。在各待定点上所测的角为转折角，这一工作称为转折角测量，如图 5-5 中的 $\beta_1 \sim \beta_n$。这些角分为左角和右角。在导线前进方向右侧的水平角为右角，（见图 5-5a）；左侧的为左角（见图 5-5b）。对角度测量精度的要求见表 5-2。导线应与高级控制点连测，才能得到起始方位角，这一工作称为连接角测量，也称导线定向。目的是使导线点坐标纳入国家坐标系统或该地区统一坐标系统。附合导线与两个已知点连接，应测两个连接角 $\beta_b$、$\beta_c$。闭合导线和支导线只需测一个连接角 $\beta_b$（见图 5-5）。对于独立地区周围无高级控制点时，可假定某点坐标，用罗盘仪测定起始边的磁方位角作为起算数据。

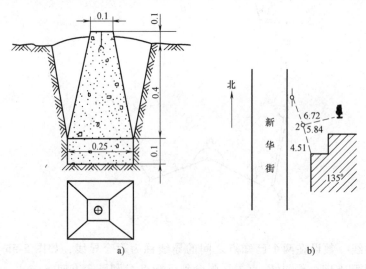

图 5-6　混凝土桩及点之记

表 5-2 城市导线及图根导线的主要技术要求

| 等级 | 测角中误差 /(″) | 方向角闭合差/(″) | 附合导线长度/km | 平均边长/m | 测距中误差/mm | 全长相对中误差 |
|------|------|------|------|------|------|------|
| 一级 | ±5 | $±10\sqrt{n}$ | 3.6 | 300 | ±15 | 1∶140000 |
| 二级 | ±8 | $±16\sqrt{n}$ | 2.4 | 200 | ±15 | 1∶10000 |
| 三级 | ±12 | $±24\sqrt{n}$ | 1.5 | 120 | ±15 | 1∶6000 |
| 四级 | ±30 | $±60\sqrt{n}$ | | | | 1∶2000 |

注：$n$ 为测站数。

3. 导线测量的内业计算

导线内业计算之前，应全面检查导线外业工作记录及成果是否符合精度要求。然后绘制导线略图，注上实测边长、转折角、连接角和起始坐标，以便于导线坐标计算（见图5-7）。

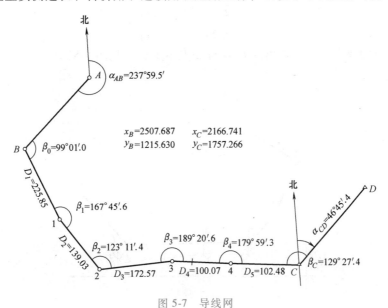

图 5-7 导线网

（1）附合导线计算 由于附合导线是在两个已知点上布设的导线，因此测量成果应满足两个几何条件。

1）方位角闭合条件：即从已知方位角 $\alpha_{AB}$，通过各转角 $\beta_i$ 推算出 $CD$ 边方位角 $\alpha'_{CD}$，应与已知方位角 $\alpha_{CD}$ 一致。

2）坐标增量闭合条件：即从 $B$ 点已知坐标 $x_B$、$y_B$，经各边长和方位角推算求得的 $C$ 点坐标 $x'_C$、$y'_C$ 应与已知 $C$ 点坐标 $x_C$、$y_C$ 一致。

上述两个条件是附合导线外业观测成果检核条件，又是导线坐标计算平差的基础。其计算步骤如下：

1）坐标方位角的计算与角度闭合差的调整。

根据式 $\alpha_{ij} = \alpha_{ab} + \sum \beta_{iL} - N \times 180°$，推算 $CD$ 边坐标方位角为

$$\alpha'_{CD} = \alpha_{AB} + \sum \beta_i - N \times 180° \qquad (5-1)$$

由于测角存在误差，所以 $\alpha'_{CD}$ 和 $\alpha_{CD}$ 之间有误差，称为角度闭合差

$$f_\beta = \alpha'_{CD} - \alpha_{CD} \qquad (5\text{-}2)$$

本例中 $\alpha'_{CD} = 46°44'8''$，$\alpha_{CD} = 46°45'24''$，则 $f_\beta = -36''$。

根据表 5-1，图根导线角度闭合差容许误差为

$$f_{\beta容} = \pm 40'' \sqrt{N} = \pm 1'36''$$

若 $f_\beta \geq f_{\beta容}$，说明角度测量误差超限，要重新测角；若 $f_\beta < f_{\beta容}$，则只需对各角度进行调整。由于各角度是同精度观测，所以将角度闭合差反符号平均分配给各角，然后再计算各边方位角。最后以计算的 $\alpha'_{CD}$ 和 $\alpha_{CD}$ 是否相等作为检核。

2）坐标增量闭合差的计算与调整。

利用上述计算的各边坐标方位角和边长，可以计算各边的坐标增量。各边坐标增量之和理论上应与控制点 $B$、$C$ 的坐标差一致，若不一致，产生的误差称为坐标增量闭合差 $f_x$、$f_y$。计算式为

$$\left.\begin{array}{l} f_x = \sum \Delta x - (x_C - x_B) \\ f_y = \sum \Delta y - (y_C - y_B) \end{array}\right\} \qquad (5\text{-}3)$$

由于 $f_x$、$f_y$ 的存在，使计算出的 $C'$ 点与 $C$ 点不重合（见图 5-8）。

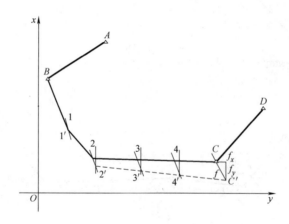

图 5-8　导线全长闭合差

$CC'$ 用 $f$ 表示，称为导线全长闭合差，用下式表示

$$x = \sqrt{f_x^2 + f_y^2} \qquad (5\text{-}4)$$

$f$ 值和导线全长 $\sum D$ 之比 $K$ 称为导线全长相对闭合差，即

$$K = \frac{f}{\sum D} = \frac{1}{\sum D/f} \qquad (5\text{-}5)$$

$K$ 值的大小反映了测角和测边的综合精度。不同导线的相对闭合差容许值不同，见表 5-2。图根导线 $K$ 值小于 1∶2000，困难地区 $K$ 值可放宽到 1∶1000。

一般情况下是量距有误差。若 $K > K_容$ 应分析原因，必要时重测。当 $K$ 值符合精度要求，可以进行坐标增量调整。

本例中 $f_x = -0.149\text{m}$，$f_y = +0.140\text{m}$，$\sum D = 740.00\text{m}$，则

$$f = \sqrt{f_x^2 + f_y^2} = \pm 0.204\text{m}$$

$$K=\frac{0.2}{740}\approx\frac{1}{3700}\leqslant\frac{1}{2000}$$

调整的方法是将 $f_x$、$f_y$ 反号按与边长成正比的原则进行分配，对于第 $i$ 边的坐标增量改正值为

$$\left.\begin{array}{l}v_{xi}=-\dfrac{f_x}{\sum D}D_i\\[3mm]v_{yi}=-\dfrac{f_y}{\sum D}D_i\end{array}\right\}\qquad(5\text{-}6)$$

计算完毕，改正后的坐标增量之和应与 $B$、$C$ 两点坐标差相等，以此作为检核。

3）坐标计算。

根据起始点 $B$ 的坐标及改正后各边的坐标增量按下式计算各点坐标

$$\left.\begin{array}{l}x_{i+1}=x_i+\Delta x_{i,i+1}\\y_{i+1}=y_i+\Delta y_{i,i+1}\end{array}\right\}\qquad(5\text{-}7)$$

最后推算出的 $C'$ 点坐标应与原来 $C$ 点坐标一致。

附合导线计算可列表格计算，见表 5-3。

表 5-3 附合导线计算表

| 点号 | 观测角（点角） | 改正后的角度 | 坐标方位角 | 边长/m | 增量计算值 | | 改正后的增量值 | | 坐标 | | 点号 |
|---|---|---|---|---|---|---|---|---|---|---|---|
| | | | | | $\Delta x'$ | $\Delta y'$ | $\Delta x$ | $\Delta y$ | $x$ | $y$ | |
| 1 | 2 | 3 | 4 | 5 | 6 | 7 | 8 | 9 | 10 | 11 | 12 |
| $\dfrac{A}{B}$ | +0.1 90°01′.0 | 90°01′.1 | 237°59′.5 | | | | | | 2507.687 | 1215.630 | B |
| | | | 157°00′.5 | 225.85 | +43 −207.911 | −43 +88.210 | +207.868 | +88.167 | | | |
| 1 | +0.1 167°45′.6 | 167°45′.7 | | | | | | | 2299.821 | 1302.792 | 1 |
| | | | 144°45′.3 | 139.03 | +28 −113.568 | −26 +80.198 | −113.540 | +80.172 | | | |
| 2 | +0.1 123°11′.4 | 123°11′.5 | | | | | | | 2185.281 | 1383.969 | 2 |
| | | | 89°57′.8 | 172.57 | +35 −6.233 | −33 +172.461 | +6.168 | +172.468 | | | |
| 3 | +0.1 189°20′.6 | 189°20′.7 | | | | | | | 2192.449 | 1556.397 | 3 |
| | | | 97°18′.5 | 100.07 | +20 −12.730 | −19 +99.257 | −12.710 | +99.238 | | | |
| 4 | +0.1 179°59′.6 | 179°59′.7 | | | | | | | 2179.739 | 1655.635 | 4 |
| | | | 97°17′.9 | 102.48 | +21 −13.019 | −19 +101.650 | −12.998 | +101.631 | | | |
| C | +0.1 129°27′.4 | 129°27′.5 | | | | | | | 2166.741 | 1757.266 | C |
| D | | | 46°45′.4 | | | | | | | | D |
| | | | | $\sum D_{\text{m}}$ 740.80 | $\sum(\Delta x)_{\text{m}}$ −341.095 | $\sum(\Delta x)_{\text{m}}$ +542.776 | | | | | |

$\alpha_{CD}=46°44′.8$
$\alpha_{CD}=46°45′.4$
$f_\beta=-0.6°$

$f_{容}=\pm40°\sqrt{N}$
$=\pm1.6$
$f_\beta<f_{\beta容}$

$\sum(\Delta x)_{\text{m}}=-341.095$　　$\sum(\Delta y)_{\text{m}}=+541.776$

$f=\sqrt{f_x^2+f_y^2}=\pm0.204\text{m}$

$K=\dfrac{0.20}{740}\approx\dfrac{1}{3700}<\dfrac{1}{2000}$

（2）闭合导线计算　闭合导线计算方法与附合导线相同，也要满足角度闭合条件和坐标闭合条件。

1）角度闭合差的计算与调整。闭合导线测的是内角，所以角度闭合条件是要满足 $n$ 多边形内角和条件，即

$$\sum \beta_{理} = (n-2) \times 180°$$

角度闭合差为

$$f_\beta = \sum \beta_{测} - \sum \beta_{理} = \sum \beta_{测} - (n-2) \times 180° \tag{5-8}$$

2）坐标增量闭合差的计算与调整。

闭合导线的起、终点是一个点，所以坐标增量理论值为零。坐标增量闭合差为

$$\left. \begin{array}{l} f_x = \sum \Delta x_{计} \\ f_y = \sum \Delta y_{计} \\ f = \sqrt{f_x^2 + f_y^2} \\ K = \dfrac{f}{\sum D} = \dfrac{1}{\sum D/f} \end{array} \right\} \tag{5-9}$$

角度闭合差 $f_\beta$，坐标增量闭合差 $f_x$、$f_y$ 及导线全长闭合差 $f$ 的检验和调整同附合导线。由起点坐标通过各点坐标增量改正计算，求定各点坐标，最后推回到 1 点坐标应相同，作为计算检核，如图 5-9 所示的闭合导线其坐标计算表见表 5-4。

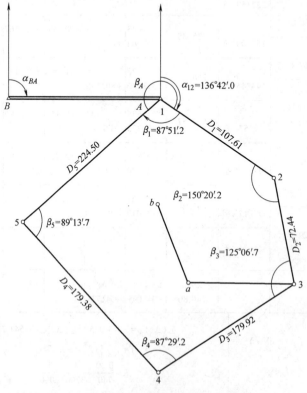

图 5-9　闭合导线

表 5-4　闭合导线坐标计算表

| 点号 | 观测角（右角） | 改正后的角值 | 坐标方位角 | 边长/m | 增量计算值 | | 改正后的增量值 | | 坐标 | | 点号 |
|---|---|---|---|---|---|---|---|---|---|---|---|
| | | | | | $\Delta x'$ | $\Delta y'$ | $\Delta x$ | $\Delta y$ | $x$ | $y$ | |
| 1 | 2 | 3 | 4 | 5 | 6 | 7 | 8 | 9 | 10 | 11 | 12 |
| 1 | −0.2 87°51′2 | 87°51′0 | 136°42′0 | 107.61 | −1 −78.32 | −3 +73.80 | −78.33 | +73.77 | 800.00 | 1000.00 | 1 |
| 2 | −0.2 150°20′2 | 150°20′0 | 166°22′0 | 72.44 | −1 −70.40 | −2 +17.07 | −70.41 | +17.05 | 721.67 | 1073.77 | 2 |
| 3 | −0.2 125°06′7 | 125°06′5 | 221°15′5 | 179.92 | −3 −135.25 | −4 −118.65 | −135.28 | −118.69 | 651.26 | 1090.82 | 3 |
| 4 | −0.2 87°29′2 | 87°29′0 | 313°46′5 | 179.38 | −3 +124.10 | −4 −129.52 | +124.07 | −129.56 | 515.98 | 927.13 | 4 |
| 5 | −0.2 89°13′7 | 89°13′5 | 44°33′0 | 224.50 | −4 +159.99 | −6 +157.49 | +159.95 | +157.43 | 640.05 | 824.57 | 5 |
| 1 | | | 136°42′0 | | | | | | 800.00 | 1000.00 | 1 |
| 2 | | | | | | | | | | | 2 |
| Σ | 540°01′0 | 540°00′ | | 763.85 | | | | | | | |

$$f_\beta = \pm 1' \quad f = \sqrt{f_x^2 + f_y^2} = \pm 0.22$$

$$f_{\beta容} = \pm 40''\sqrt{n} = \pm 40''\sqrt{5} = \pm 1'5$$

$$K = \frac{f}{\sum D} = \frac{0.22}{763.85} \approx \frac{1}{3390}$$

| | | | | | +284.09 | +284.36 | +284.02 | +284.27 | | | |
| | | | | | −283.97 | −284.17 | −284.02 | −284.27 | | | |
| | | | | | $f_x = 0.12$ | $f_y = 0.19$ | $\sum \Delta x = 0$ | $\sum \Delta y = 0$ | | | |

### 三、三、四等水准测量

三、四等水准测量，除用于国家高程控制网的加密外，还常用作小地区的首级高程控制，以及工程建设地区内工程测量和变形观测的基本控制。三、四等水准网应从附近的国家高一级水准点引测高程。

工程建设地区的三、四等水准点的间距可根据实际需要决定，一般为 1~2km，应埋设普通水准标石或临时水准点标志，亦可利用埋石的平面控制点作为水准点。在厂区内则注意不要选在地下管线上方，距离厂房或高大建筑物不小于 25m，距振动影响区 5m 以外，距回填土边不少于 5m。

三、四等水准测量的要求和施测方法是：

1）三、四等水准测量使用的水准尺，通常是双面水准尺。两根标尺黑面的尺底均为 0，红面的尺底一根为 4.687m，一根为 4.787m。

2）视线长度和读数误差的限差见表 5-5；高差闭合差的规定见表 5-2。

三、四等水准测量的观测与计算方法见表 5-6。

1. 一个测站上的观测顺序

1）照准后视尺黑面，读取下、上、中丝读数（1）、（2）、（3）；

2）照准前视尺黑面，读取下、上丝读数（4）、（5）及中丝读数（6）；

表 5-5　三、四等水准测量限差

| 等级 | 标准视线长度<br>/m | 前后视距差<br>/m | 前后视距累计差<br>/m | 红黑面读数差<br>/mm | 红黑面高差之差<br>/mm |
|---|---|---|---|---|---|
| 三 | 75 | 3.0 | 5.0 | 2.0 | 3.0 |
| 四 | 100 | 5.0 | 10.0 | 3.0 | 5.0 |

表 5-6　三（四）等水准测量观测手簿

测段：A～B＿＿＿＿　　日期：＿＿＿＿＿＿　　仪器：＿＿＿＿＿＿

开始：＿＿＿＿＿　　天气：＿＿＿＿＿＿　　观测者：＿＿＿＿＿

结束：＿＿＿＿＿　　成像：＿＿＿＿＿＿　　记录者：＿＿＿＿＿

| 测站编号 | 点号 | 后尺 下丝<br>上丝 | 前尺 下丝<br>上丝 | 方向及尺号 | 中丝水准尺读数 黑色面 | 中丝水准尺读数 红色面 | K+黑-红 | 平均高差 | 备注 |
|---|---|---|---|---|---|---|---|---|---|
| | | (1)<br>(2)<br>(9)<br>(11) | (4)<br>(5)<br>(10)<br>(12) | 后<br>前<br>后－前 | (3)<br>(6)<br>(15) | (8)<br>(7)<br>(16) | (14)<br>(13)<br>(17) | (18) | |
| 1 | A～转1 | 1.587<br>1.213<br>37.4<br>-0.2 | 0.755<br>0.379<br>37.6<br>-0.2 | 后<br>前<br>后－前 | 1.400<br>0.567<br>+0.833 | 6.187<br>5.255<br>+0.932 | 0<br>-1<br>+1 | +0.8325 | |
| 2 | 转1～转2 | 2.111<br>1.737<br>37.4<br>-0.1 | 2.186<br>1.811<br>37.5<br>-0.3 | 后02<br>前02<br>后－前 | 1.924<br>1.998<br>-0.074 | 6.611<br>6.786<br>-0.175 | 0<br>-1<br>+1 | -0.0745 | |
| 3 | 转2～转3 | 1.916<br>1.541<br>37.5<br>-0.2 | 2.057<br>1.680<br>37.7<br>-0.5 | 后01<br>前02<br>后－前 | 1.728<br>1.868<br>-0.140 | 6.515<br>6.556<br>-0.041 | 0<br>-1<br>+1 | -0.1405 | |
| 4 | 转3～转4 | 1.945<br>1.680<br>26.5<br>-0.2 | 2.121<br>1.854<br>26.7<br>-0.7 | 后02<br>前01<br>后－前 | 1.812<br>1.987<br>-0.175 | 6.499<br>6.773<br>-0.274 | 0<br>+1<br>-1 | -0.1745 | |
| 5 | 转4～B | 0.675<br>0.237<br>43.8<br>+0.2 | 2.902<br>2.466<br>43.6<br>-0.5 | 后01<br>前02<br>后－前 | 0.466<br>2.684<br>-2.218 | 5.254<br>7.371<br>-2.117 | -1<br>0<br>-1 | -2.2175 | |

3）照准前视尺红面，读取中丝读数（7）；

4）照准后视尺红面，读取中丝读数（8）。

这种"后一前一前一后"的观测顺序，主要是为抵消水准仪与水准尺下沉产生的误差。四等水准测量每站的观测顺序也可以为"后一后一前一前"，即"黑一红一黑一红"。

表中各次中丝读数（3）、（6）、（7）、（8）是用来计算高差的。因此，在每次读取中丝读数前，都要注意使符合气泡的两个半像严密重合。

2. 测站的计算、检核与限差

（1）视距计算

后视距离：（9）＝（1）－（2）。

前视距离：（10）=（4）-（5）。

前、后视距差：（11）=（9）-（10）。三等水准测量，不得超过±3m；四等水准测量，不得超过±5m。

前、后视距累积差：本站（12）=前站（12）+本站（11）。三等水准测量不得超过±5m；四等水准测量不得超过±10m。

（2）同一水准尺黑、红面读数差

前尺：（13）=（6）+$K_1$-（7）。

后尺：（14）=（3）+$K_2$-（18）。

三等水准测量不得超过±2mm，四等水准测量不得超过±3mm。$K_1$、$K_2$分别为前、后尺的红、黑面常数差。

（3）高差计算

黑面高差：（15）=（3）-（6）

红面高差：（16）=（8）-（7）

检核计算：（17）=（14）-（13）=（15）-（16）±0.100。三等水准测量不得超过3mm；四等水准测量不得超过5mm。

高差中数：（18）=$\frac{1}{2}${（15）+［（16）±0.100］}。

上述各项记录、计算见表5-5。观测时，若发现本测站某项限差超限，应立即重测，只有各项限差均检查无误后，方可移站。

3. 每页计算的总检核

校核计算：

$$\sum(9)-\sum(10)=182.6-183.1=-0.5=末站（12）$$

$$\frac{1}{2}\left[\sum(15)+\sum(16)±0.100\right]=\frac{1}{2}\left[(-1.675)-0.100\right]=-1.7745=\sum(18)$$

在每测站检核的基础上，应进行每页计算的检核。

$$\sum(15)=\sum(3)-\sum(6)$$

$$\sum(16)=\sum(8)-\sum(7)$$

$$\sum(9)-\sum(10)=本页末站（12）-前页末站（12）$$

测站数为偶数时：$\sum(18)=\frac{1}{2}\left[\sum(15)+\sum(16)\right]$

测站数为奇数时：$\sum(18)=\frac{1}{2}\left[\sum(15)+\sum(16)±0.100\right]$

4. 水准路线测量成果的计算、检核

三、四等附合或闭合水准路线高差闭合差的计算、调整方法与普通水准测量相同（见项目二）。

当测区范围较大时，要布设多条水准路线。为了使各水准点高程精度均匀，必须把各线段连在一起，构成统一的水准网，采用最小二乘法原理进行平差，从而求解出各水准点的高程。

#### 四、三角高程

当地面两点间地形起伏较大而不便于水准施测时，可应用三角高程测量的方法测定两点间的高差而求得高程。该法较水准测量精度低，常用于山区各种比例尺测图的高程控制。

三角高程测量是根据测站与待测点两点间的水平距离和测站向目标点所观测的竖直角来计算两点间的高差。

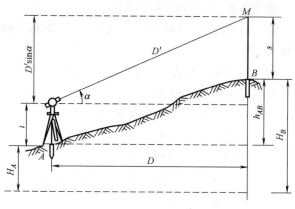

图 5-10 三角高程测量原理

如图 5-10 所示，已知 $A$ 点高程 $H_A$，欲求 $B$ 点高程 $H_B$。将仪器安置在 $A$ 点，照准 $B$ 目标顶端 $M$，测得竖直角 $\alpha$。量取仪器高 $i$ 和目标高 $s$。如果测得 $AM$ 之间距离 $D'$，则高差 $h_{AB}$ 为

$$h_{AB} = D'\sin\alpha + i - s \tag{5-10}$$

如果两点间平距为 $D$，则 $A$、$B$ 高差为

$$h_{AB} = D\tan\alpha + i - s \tag{5-11}$$

$B$ 点高程为

$$H_B = H_A + h_{AB}$$

## 技能训练

## 任务一　导线测量

1. 任务目的

1）熟悉全站仪的构造和使用方法。

2）掌握闭合导线的布设要领。

3）掌握全站仪导线外业测量方法。

2. 任务准备

每组经纬仪 1 套、对中杆组 1 套、计算器 1 个、记录表 1 份。

3. 任务实施

1）选点。在测区内选定由 4～5 个导线点组成的闭合导线，在各导线点打上标记，绘出导线略图。

2）测角。采用全站仪测回法观测导线各转折角（内角），每角测一个测回。

3）量距。用全站仪测距往、返测量各导线边的边长；计算相对误差，若在容许范围内，则取平均值作为最后结果（至 mm 位）。

4）计算角度闭合差 $f_\beta = \sum\beta - (n-2) \times 180°$（其中 $n$ 为内角数），以及导线全长相对闭合差。外业成果合格后，内业计算各导线点坐标。

## 4. 记录计算

每组交导线测量记录表 1 份（见表 5-7），每人完成内业计算 1 份（见表 5-8）。

表 5-7　闭合导线控制测量外业记录表

班级：＿＿＿＿＿　组号：＿＿＿＿＿　观测者：＿＿＿＿＿　日期：＿＿＿＿＿

记录者：＿＿＿＿＿　量距者：＿＿＿＿＿　仪器型号：＿＿＿＿＿　天气：＿＿＿＿＿

| 测站 | 竖盘位置 | 目标 | 水平度盘读数/(°′″) | 半测回角值/(°′″) | 一测回角值/(°′″) | 边号 | 往测 返测 | 平均距离/m | 草图 |
|---|---|---|---|---|---|---|---|---|---|
| A | 左 | | | | | A—B | | | |
| | 右 | | | | | | | | |
| B | 左 | | | | | B—C | | | |
| | 右 | | | | | | | | |
| C | 左 | | | | | C—D | | | |
| | 右 | | | | | | | | |
| D | 左 | | | | | D—A | | | |
| | 右 | | | | | | | | |

表 5-8　闭合导线控制测量内业计算表

班组：＿＿＿＿＿　姓名：＿＿＿＿＿　学号：＿＿＿＿＿　日期：＿＿＿＿＿

| 1 | 2 | 3 | 4 | 5 | 6 | | 7 | | 8 | | 9 |
|---|---|---|---|---|---|---|---|---|---|---|---|
| | 角值 | | | | 坐标增量 | | 改正后增量 | | 坐标 | | |
| 点号 | 观测值 | 改正后角值 | 方位角 | 边长 | $\Delta x$ | $\Delta y$ | $\Delta x$ | $\Delta y$ | $x$ | $y$ | 点号 |
| A | | | | | | | | | | | A |
| B | | | | | | | | | | | B |
| C | | | | | | | | | | | C |
| D | | | | | | | | | | | D |
| A | | | | | | | | | | | A |
| B | | | （检核） | | | | | | | | |
| 辅助计算 | | | | | 略图 | | | | | | |

## 任务二 高程控制测量

1. 任务目的

1) 进一步熟练水准仪的操作，掌握用双面水准尺进行四等水准测量的观测、记录与计算方法。

2) 熟悉四等水准测量的主要技术指标，掌握测站及线路的检核方法。

2. 技术指标要求

视线高度>0.2m；视线长度≤80m；前后视视距差≤3m；前后视距累积差≤10m；红黑面读数差≤3mm；红黑面高差之差≤5mm。

3. 任务准备

$DS_3$水准仪1台，双面水准尺2把，记录板1块。

4. 任务实施

（1）了解四等水准测量的方法　双面尺法四等水准测量是在小地区布设高程控制网的常用方法，是在每个测站上安置一次水准仪，但分别在水准尺的黑、红两面刻划上读数，可以测得两次高差，进行测站检核。除此以外，还有其他一系列的检核。

（2）四等水准测量的实验　实验方法如下。

1) 从某一水准点出发，选定一条闭合水准路线。路线长度200~400m，设置4~6站，视线长度30m左右。

2) 安置水准仪的测站至前、后视立尺点的距离，应该用步测使其相等。在每一测站，按下列顺序进行观测：①后视水准尺黑色面，读上、下丝读数，精平，读中丝读数；②前视水准尺黑色面，读上、下丝读数，精平，读中丝读数；③前视水准尺红色面，精平，读中丝读数；④后视水准尺红色面，精平，读中丝读数。

3) 记录者在四等水准测量记录表中按表头标明次序（1）~（8）记录各个读数，（9）~（16）为计算结果。

后视距离：（9）=100×[（1）-（2）]

前视距离：（10）=100×[（4）-（5）]

视距之差：（11）=（9）-（10）

∑视距差：（12）=上站（12）+本站（11）

红黑面差：（13）=（6）+K-（7）；（14）=（3）+K-（8）（K=4.687或4.787）

黑面高差：（15）=（3）-（6）

红面高差：（16）=（8）-（7）

高差之差：（17）=（15）-（16）=（14）-（13）

平均高差：（18）=[（15）+（16）]/2

每站读数结束即（1）~（8），随即进行各项计算即（9）~（16），并按技术指标进行检验，满足限差后方能搬站。

4) 依次设站，用相同方法进行观测，直到线路终点，计算线路的高差闭合差。按四等水准测量的规定，线路高差闭合差的容许值为$\pm 20\sqrt{L}$mm，L为线路总长（km）。

5. 应交成果

提交经过各项检核计算后的四等水准测量记录表（见表 5-9）。

表 5-9　四等水准测量记录表

组别：＿＿＿＿＿　仪器号码：＿＿＿＿＿　　　　　　　　　　　　＿＿＿年＿＿＿月＿＿＿日

| 测站编号 | 视准点 | 后视 | 上丝 | 前视 | 上丝 | 方向及尺号 | 水准尺读数 | | 黑+K−红 | 平均高差 |
| | | | 下丝 | | 下丝 | | | | | |
| | | 后视距 | | 前视距 | | | 黑色面 | 红色面 | | |
| | | 视距差 | | ∑视距差 | | | | | | |
| | | （1） | | （4） | | 后 | （3） | （8） | （14） | |
| | | （2） | | （5） | | 前 | （6） | （7） | （13） | （18） |
| | | （9） | | （10） | | 后—前 | （15） | （16） | （17） | |
| | | （11） | | （12） | | | | | | |
| | | | | | | 后 | | | | |
| | | | | | | 前 | | | | |
| | | | | | | 后—前 | | | | |
| | | | | | | 后 | | | | |
| | | | | | | 前 | | | | |
| | | | | | | 后—前 | | | | |
| | | | | | | 后 | | | | |
| | | | | | | 前 | | | | |
| | | | | | | 后—前 | | | | |
| | | | | | | 后 | | | | |
| | | | | | | 前 | | | | |
| | | | | | | 后—前 | | | | |

6. 注意事项

1）四等水准测量比工程水准测量有更严格的技术规定，要求达到更高的精度，其关键在于：前后视距相等（在限差以内）；从后视转为前视（或相反）望远镜不能重新调焦；水准尺应完全竖直，最好用附有圆水准器的水准尺。

2）每站观测结束，已经立即进行计算和进行规定的检核，若有超限，则应重测该站。全线路观测完毕，线路高差闭合差在容许范围以内，方可收测，结束实验。

## 任务三　后方交会测量

1. 任务目的

1）掌握后方交会测量在实际用应用中的方法及精度控制问题。

2）掌握后方交会测量原理和方法。

**2. 任务准备**

全站仪，三脚架，钢尺，棱镜。

**3. 任务实施**

1）在测量模式第三页下按【后方交会】进入后方交会测量功能，显示已知点坐标输入屏幕。

2）输入已知点1的坐标，每输入一行数据按回车键，输入已知两点坐标、仪器高、棱镜高，输入完成后，照准已知点1棱镜，按【测量】进行测量。

3）照准已知点2棱镜，按【计算】进行交会点坐标计算，并显示计算结果。

**4. 实验结果**

实验结果包括图、表、测量记录数据等，见表5-10、表5-11。

**5. 注意事项**

1）将测站点尽可能地设在由已知点构成的三角形的中心上。

2）增加1个不位于圆周上的已知点。

3）至少对其中1个已知点进行距离测量。

表 5-10  后方交会角度记录表

仪器型号：_____  观测日期：_____  测　站：_____
天　　气：_____  观测者：_____  记录者：_____

| 观测方向 第一测回 | 盘左读数/ (°′″) | 盘右读数/ (°′″) | 半测回值/ (°′″) | 一测回平均值/(°′″) | 各测回平均值/(°′″) | 附注 |
|---|---|---|---|---|---|---|
| A | | | | | | |
| B | | | | | | |
| C | | | | | | |
| D | | | | | | |
| A | | | | | | |
| 第二测回 | | | | | | |
| A | | | | | | |
| B | | | | | | |
| C | | | | | | |
| D | | | | | | |
| A | | | | | | |

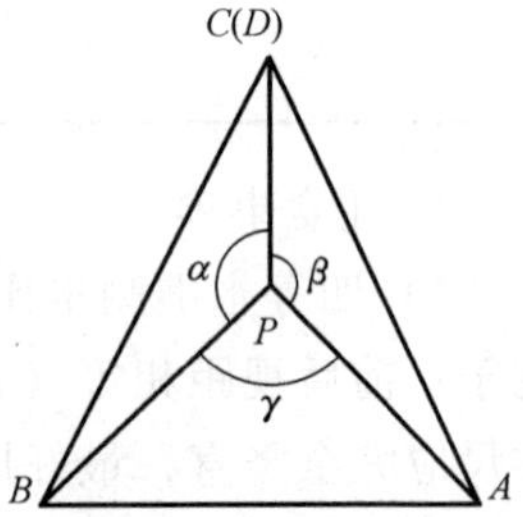

表 5-11　后方交会角度计算表

| 示意图 | | 野外图 | | $X_P = \dfrac{P_A X_A + P_B X_B + P_C X_C}{P_A + P_B + P_C}$ |
|---|---|---|---|---|
| | | | | $Y_P = \dfrac{P_A X_A + P_B X_B + P_C Y_C}{P_A + P_B + P_C}$ |
| | | | | 其中 |
| | | | | $P_A = \dfrac{1}{\cot A - \cot\alpha}$ |
| | | | | $P_B = \dfrac{1}{\cot B - \cot\beta}$ |
| | | | | $P_C = \dfrac{1}{\cot C - \cot\gamma}$ |

| 已知坐标和观测角值 | | | | | |
|---|---|---|---|---|---|
| $X_A$ | | $Y_A$ | | $\alpha_1$ | |
| $X_B$ | | $Y_B$ | | $\beta_1$ | |
| $X_C$ | | $Y_C$ | | $\gamma$ | |
| $X_A$ | | $Y_A$ | | $\alpha_2$ | |
| $X_B$ | | $Y_B$ | | $\beta_2$ | |
| $X_D$ | | $Y_D$ | | $\gamma$ | |

| 坐标方位角 | | 固定角 | | 仿权值 | | 待定点坐标 | |
|---|---|---|---|---|---|---|---|
| $\alpha_{AB}$ | | $A$ | | $P_A$ | | $X_P$ | |
| $\alpha_{BC}$ | | $B$ | | $P_B$ | | $X_P$ | |
| $\alpha_{CA}$ | | $C$ | | $P_C$ | | | |
| $\alpha_{AB}$ | | $A$ | | $P_A$ | | $X_P$ | |
| $\alpha_{BD}$ | | $B$ | | $P_B$ | | $X_P$ | |
| $\alpha_{DA}$ | | $D$ | | $P_D$ | | | |

## 任务四　三角高程测量

1. 任务目的

1）掌握用三丝法观测垂直角。

2）熟悉记录格式及垂直角和指标差的计算方法；学会对垂直角观测成果的质量进行判定及处理。

3）掌握三角高程的计算方法。

2. 实训要求

采用四等测量精度，每人用三丝法完成对 4 个方向 2 个测回的垂直角观测、记录与计算，了解垂线偏差对三角高程测量的影响情况。

3. 任务准备

各组借用 DJ2 经纬仪 1 台（带脚架），小钢卷尺 1 根、记录板 1 块、观测记录手簿 1 本。自备铅笔、小刀和记录手簿。

4. 任务实施

三丝法就是以上、中、下 3 条水平横丝依次照准目标。构成一个测回的观测程序为：

1）在盘左位置，按上、中、下 3 条水平横丝依次照准同一目标各一次，使指标水准器气泡精密符合，分别进行垂直度盘读数，得盘左读数 $L$。

2）在盘右位置，再按上、中、下 3 条水平横丝依次照准同一目标各一次，使指标水准器气泡精密符合，分别进行垂直度盘读数，得盘右读数 $R$。

3）在一个测站上观测时，一般将观测方向分成若干组，每组包括 2~4 个方向，分别进行观测，如通视条件不好，也可以分别对每个方向进行连续照准观测。

4）按垂直度盘读数计算垂直角和指标差的公式列于表 5-12。

表 5-12　垂直角和指标差的计算公式

| 仪器类型 | 计算公式 | | 各测回互差限值 | |
|---|---|---|---|---|
| | 垂直角 | 指标差 | 垂直角 | 指标差 |
| $J_1(T_3)$ | $\alpha = L - R$ | $i = (L+R) - 180°$ | 10″ | 10″ |
| $J_2(T_2)$ | $\alpha = \dfrac{1}{2}[(R-L) - 180°]$ | $\alpha = \dfrac{1}{2}[(L+R) - 360°]$ | | |

**5. 上交资料**

上交垂直角观测记录手簿（见表 5-13），并完成垂直角的计算。

**6. 注意事项**

1）仪器高和觇标高的量取要准确。

2）注意用三丝法和用中丝法进行三角高程测量时，在测回数上的要求不同。

3）选取观测目标的边长在 2~3km，且目标最好为觇标。

表 5-13　垂直角观测记录表

第____测回　　仪器_ No_____　　点名_____　　觇标类型_____　　等级_____　　日期：__月__日

观测者：_____　记簿者：_____　　　天气：　　　成像：　　　开始：__时__分　　结束：__时__分

| 观测目标名称 | 水平丝 | 竖盘读数 | | 指标差 /(″) | 垂直角 /(°′″) | 备注 |
|---|---|---|---|---|---|---|
| | | 盘左/(°′″) | 盘右/(°′″) | | | |
| | 上丝 | | | | | |
| _____ | 中丝 | | | | | |
| | 下丝 | | | | | |
| | 上丝 | | | | | |
| | 中丝 | | | | | |
| | 下丝 | | | | | |
| | 上丝 | | | | | |
| | 中丝 | | | | | |
| | 下丝 | | | | | |

（续）

| 观测目标名称 | 水平丝 | 竖盘读数 | | | | 指标差/(″) | 垂直角/(°′″) | 备注 |
|---|---|---|---|---|---|---|---|---|
| | | 盘左/(°′″) | | 盘右/(°′″) | | | | |
| | 上丝 | | | | | | | |
| | 中丝 | | | | | | | |
| | 下丝 | | | | | | | |
| | 上丝 | | | | | | | |
| | 中丝 | | | | | | | |
| | 下丝 | | | | | | | |
| | 上丝 | | | | | | | |
| | 中丝 | | | | | | | |
| | 下丝 | | | | | | | |

## 知识拓展

### 交会定点

当原有控制点不能满足工程需要时，可用交会法加密控制点，称为交会定点。常用的交会法有前方交会、后方交会和距离交会。本知识拓展部分，重点介绍下前方交会。

如图 5-11a 所示，在已知点 $A$、$B$ 处分别对 $P$ 点观测了水平角和，求 $P$ 点坐标，称为前方交会。为了检核和提高 $P$ 点精度，通常需从三个已知点 $A$、$B$、$C$ 分别向 $P$ 点观测水平角（见图 5-11b），分别由两个三角形计算 $P$ 点坐标。

现以一个三角形为例说明前方交会的定点方法。

1）根据已知点 $A$、$B$ 坐标分别为（$x_A$，$x_B$）和（$y_A$，$y_B$）计算已知边 $AB$ 的方位角和边长为

$$\left.\begin{array}{l} \alpha_{AB} = \arctan \dfrac{y_B - y_A}{x_B - x_A} \\[2mm] D_{AB} = \sqrt{(x_B - x_A)^2 + (y_B - y_A)^2} \end{array}\right\} \tag{5-12}$$

2）在 $A$、$B$ 两点设站，测出水平角 $\alpha$、$\beta$，再推算 $AP$ 和 $BP$ 边的坐标方位角和边长，由图 5-11a 得

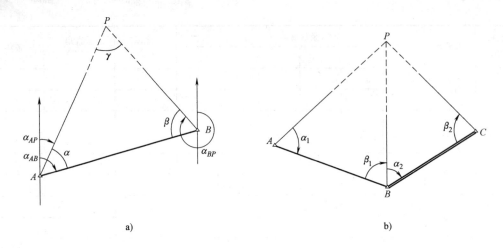

图 5-11　前方交会

$$\left.\begin{array}{l} \alpha_{AP} = \alpha_{AB} - \alpha \\ \alpha_{AB} = \alpha_{BA} + \beta \end{array}\right\} \tag{5-13}$$

$$\left.\begin{array}{l} D_{AP} = \dfrac{D_{AB}\sin\beta}{\sin\gamma} \\[3mm] D_{BP} = \dfrac{D_{AB}\sin\alpha}{\sin\gamma} \end{array}\right\} \tag{5-14}$$

式中

$$\gamma = 180° - (\alpha + \beta) \tag{5-15}$$

3）最后计算 $P$ 点坐标：

分别由 $A$ 点和 $B$ 点按下式推算 $P$ 点坐标，并校核。

$$\left.\begin{array}{l} x_P = x_A + D_{AP}\cos\alpha_{AP} \\ y_P = y_A + D_{AP}\sin\alpha_{AP} \\ x_P = x_B + D_{BP}\cos\alpha_{BP} \\ y_P = y_B + D_{BP}\sin\alpha_{BP} \end{array}\right\} \tag{5-16}$$

下面介绍一种应用 $A$、$B$ 坐标（$x_A$，$x_B$）和（$y_A$，$y_B$）和在 $A$、$B$ 两点设站，测出水平角 $\alpha$、$\beta$ 直接计算 $P$ 点坐标的公式，公式推导从略。

$$\left.\begin{array}{l} x_P = \dfrac{x_A\cot\beta + x_B\cot\alpha + (y_B - y_A)}{\cot\alpha + \cot\beta} \\[4mm] y_P = \dfrac{y_A\cot\beta + y_B\cot\alpha - (x_B - x_A)}{\cot\alpha + \cot\beta} \end{array}\right\} \tag{5-17}$$

应用式（5-17）时，可以直接利用计算器，但要注意 $A$、$B$、$P$ 的点号须按逆时针次序排列（见图 5-11）。

前方交会计算见表 5-14。

表 5-14　前方交会计算表

| 略图与公式 | $x_p = \dfrac{x_A\cos\beta + x_B\cot\alpha + (y_B+y_A)}{\cot\alpha+\cot\beta}$ $y_p = \dfrac{y_A\cot\beta + y_B\cot\alpha - (x_B-x_A)}{\cot\alpha+\cot\beta}$ | 观测数据 | $\alpha_1$ | 54°48′00″ |
| --- | --- | --- | --- | --- |
| | | | $\beta_1$ | 32°51′50″ |
| | | | $\alpha_2$ | 56°23′21″ |
| | | | $\beta_2$ | 48°30′58″ |

| 已知数据 | $x_A$ | 1807.04 | $y_A$ | 45719.85 | (1) $\cot\alpha$ | 0.705422 | 0.66457 |
| --- | --- | --- | --- | --- | --- | --- | --- |
| | $x_B$ | 1546.38 | $y_B$ | 45830.66 | (2) $\cot\beta$ | 1.5479029 | 0.884224 |
| | $x_C$ | 1765.50 | $y_C$ | 45998.65 | (3)=(1)+(2) | 2.253325 | 1.548894 |

| (4) $x_A\cot\beta+x_B\cot\alpha+y_B-y_A$ | 4069.325 | 2802.937 | (6) $y_A\cot\beta+y_B\cot\alpha-x_B+x_A$ | 103260.504 | 71049.513 |
| --- | --- | --- | --- | --- | --- |
| (5) $x_P=(4)/(3)$ | 1805.920 | 1809.637 | (7) $y_P=(6)/(3)$ | 45825.837 | 45871.126 |
| $P$ 点最后坐标 | $x_P=1807.78$ | | $y_P=45848.48$ | | |

## 项目评价

本项目的评价方法、评价内容和评价依据见表 5-15。

表 5-15　项目评价（五）

| 评　价　方　法 |
| --- |
| 采用多元评价法，教师点评、学生自评、互评相结合。观察学生参与、聆听、沟通表达自己看法、投入程度、完成任务情况等方面 |

| 评价内容 | 评价依据 | 权重 |
| --- | --- | --- |
| 知识 | 1. 掌握极坐标、直角坐标法和角度交会法放样点位的原理和方法 2. 能解释高程施工控制网分级建立的方法 | 40% |
| 技能 | 1. 会各种施测方法测设数据的计算 2. 能够运用极坐标、直角坐标法和角度测绘法放样点位 3. 会用三、四等水准测量建立高程控制网 | 40% |
| 学习态度 | 1. 是否出勤、预习 2. 是否遵守安全纪律，认真倾听教师讲述、观察教师演示 3. 是否按时完成学习任务 | 20% |

## 复习巩固

**一、单项选择题**

1. 一条导线从一已知控制点和已知方向出发，经过若干点，最后测到另一已知控制点和已知方向上，该导线称为（　　）。

A. 支导线　　　　B. 复测导线　　　　C. 附合导线　　　　D. 闭合导线

2. 一条导线从已知控制点和已知方向出发，观测若干点，不回到起始点，也不测到另一已知控制点和已知方向上，该导线称为（　　）。

A. 附合导线　　　　B. 环形导线　　　　C. 闭合导线　　　　D. 支导线

3. 已知点 $A$ 的坐标为（2179.978，1356.312），$AB$ 边的坐标增量为 $X_{AB}=-107.865$，$Y_{AB}=86.568$。则 $B$ 点的坐标为（　　）。

A.（2072.113，1269.744）　　　　B.（2287.843，1442.880）

C.（2287.843，1269.744）　　　　D.（2072.113，1442.880）

4. 根据直线起点坐标、直线长度及其坐标方位角，计算直线终点坐标，称为（　　）。

A. 坐标正算　　B. 坐标反算　　C. 距离计算　　D. 方位计算

5. 根据直线两端点的已知点坐标，计算直线的长度及其坐标方位角，称为（　　）。

A. 坐标正算　　B. 坐标反算　　C. 距离计算　　D. 方位计算

## 二、填空题

1. 在测区内依据测量规则和工作需要，选择若干个有控制意义的点，称为_____。

2. 控制点按一定的条件和规律，整体构成的几何图形，称为_____。

3. 在面积小于 $15km^2$ 范围内建立的控制网，称为_____。

4. 小区平面控制网，应根据测区面积的大小，按精度要求分级建立。在全测范围内建立的精度最高的控制网，称为_____。

5. 为地形测量而建立的控制网，称为_____。

6. 供地形测图使用的控制点，称为_____控制点，简称_____。

7. 小区高程控制测量常用的方法有_____及三角高程测量。

8. 交会测量是用三角形关系进行计算的，是三角测量的简单方式，包括_____、_____、_____和_____等。

9. 为了消除或减弱地球曲率和大气折光的影响，三角高程测量一般应进行_____观测，亦称直、反觇观测。

## 三、判断题

1. 在测区范围内选定若干个对整体测量工作具有控制作用的点，称为控制点。（　　）

2. 用导线测量的方法建立的控制点，叫导线点。（　　）

3. 国家控制网，按精度由高到低分为一、二、三、四共 4 个等级。（　　）

4. 坐标正算，是根据某直线段两个端点的已知坐标，计算该直线段的水平距离和坐标方位角的工作。（　　）

5. 坐标反算，是根据某直线段的水平距离、坐标方位角和一个端点的已知坐标，计算该直线段另一个端点坐标的工作。（　　）

6. 将地面上的控制点组成一系列的三角形，测量所有三角形的水平内角，由已知边推算出其他边的长度，并根据起算数据计算出各控制点的平面坐标，称为导线测量。（　　）

7. 为测量地形图所建立的控制点，称为施工控制点。（　　）

8. 三角高程测量是根据两点间的水平距离（或倾斜距离）与竖直角计算两点间的高差，再计算出所求点的高程。（　　）

## 四、简答题

1. 什么是导线？

2. 什么是导线测量？

3. 导线测量的外业工作有哪些？

4. 导线内业计算的目的是什么？

5. 什么是坐标正算？

6. 什么是坐标反算？

**五、计算题**

1. 如图 5-12 所示，已知控制点 $A$、$B$ 的坐标为：$x_A = 1362.851\text{m}$、$y_A = 1550.458\text{m}$；$x_B = 2027.342\text{m}$、$y_B = 1640.339\text{m}$。并测得：$\beta_A = 56°36'48''$，$\beta_B = 60°35'45''$。试计算 $AP$、$BP$ 的坐标方位角。

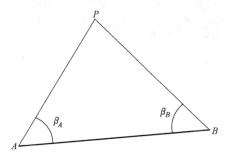

图 5-12　计算题题 1 图

2. 一图根附合导线如图 5-13 所示，已知控制点 $B$、$C$ 的坐标为：$x_B = 8865.810\text{m}$、$y_B = 5055.340\text{m}$；$x_C = 9048.030\text{m}$、$y_C = 4559.940\text{m}$。已知 $AB$ 边、$CD$ 边的坐标方位角为 $\alpha_{AB} = 236°56'08''$，$\alpha_{CD} = 266°03'12''$。试计算各导线点的坐标。

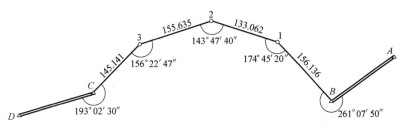

图 5-13　计算题题 2 图

# 项目六

# 建筑物的施工放线

## 项目导入

读懂地形图；能从建筑施工图中找到施工放线所需要的尺寸；计算施工放线所需要的相关数据；会进行场地平整的测量和计算；会布置简单的控制网；会进行民用建筑物定位放线；会进行点位的复核。

## 相关知识

### 一、概述

1. 施工测量

施工测量指在施工阶段进行的测量工作。

2. 主要任务

将图纸上设计的建筑物的平面位置和高程，按设计与施工要求，以一定的精度标定到实地，作为施工的依据，并在施工过程中进行一系列的测量工作。

3. 主要内容

1）建立施工控制网。

2）依据设计图纸要求进行建（构）筑物的放样。

3）每道施工工序完成后，通过测量检查各部位的平面位置和高程是否符合设计要求。

4）随着施工的进展，对一些大型、高层或特殊建（构）筑物进行变形观测。

### 二、建筑施工控制测量

建筑施工场地上有各种建（构）筑物，分布位置各异，且往往不是同时开工兴建。为了保证施工测量的精度和工作效率，使各个建（构）筑物的平面位置和高程都能符合要求，互相连成统一的整体，施工测量也应遵循"从整体到局部、先控制后碎部"的原则，即先在施工场地建立统一的施工控制网，然后以此为基础，测设出各个建（构）筑物的位置。

在大中型场地建筑上，施工控制网多用正方形或矩形网格组成，并称之为方格网。在面积不大，又不十分复杂的建筑场地上，常常布设一条或几条基线，作为施工控制。本项目主要介绍建筑施工场地的控制测量。

1. 建筑基线

（1）建筑基线的布设方法　建筑基线是建筑场地的施工控制基准线，即在建筑场地布

92

置一条或几条轴线。它适用于建筑设计总平面图布置比较简单的小型建筑场地。建筑基线的布设形式，应根据建筑物的分布、施工场地地形等因素来确定。常用的布设形式有"一"字形、L形、"十"字形和 T 形，如图 6-1a、b、c、d 所示。布设时要求做到：建筑基线应平行或垂直于主要建筑物的轴线，以便用直角坐标法进行测设；建筑基线相邻点间应互相通视，切点位不受施工影响；为了能长期保存，各点位要埋设永久性的混凝土桩；基线点应不少于 3 个，以便监测建筑基线点有无变动。

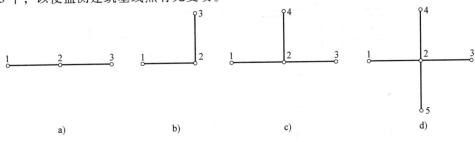

图 6-1　建筑基线布设形式

（2）建筑基线的测设方法　根据施工场地的条件不同，建筑基线的测设方法有以下两种。

1）用建筑红线测设（推移法）。

在城市建设中，建筑用地的界址，是由规划部门确定，并由拨地单位在现场直接标定出用地边界点，边界点的连线通常是正交的直线，称为建筑红线。建筑红线与拟建的主要建筑物或建筑群的多数建筑物的主轴线平行，因此，可根据建筑红线用平行线推移法测设建筑基线，如图 6-2 所示。

如果建筑红线完全符合作为建筑基线的条件时，可将其作为建筑基线使用，即直接用建筑红线进行建筑物的放样，既简便又快捷。

2）用附近的控制点测设（解析法）。

在非建筑红线区，没有建筑红线依据时，就需要在建筑设计总平面图上，根据建筑物的设计坐标和附近已有的测图控制点来选定建筑基线的位置，并采用极坐标法或角度交会法把基线点在地面上标定出来，如图 6-3 所示。

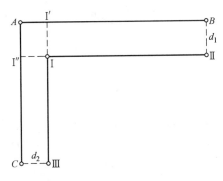

图 6-2　推移法

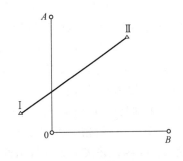

图 6-3　解析法

2. 建筑方格网

在建筑物比较密集或大型、高层建筑的施工场地上，由正方形或矩形格网组成的施工控制网，称为建筑方格网。它是建筑场地常用的平面控制布网形式之一。

如图 6-4 所示，建筑方格网是根据设计总平面图中建筑物、构筑物、道路和各种管线的位置，结合现场的地形情况来合理布设的。

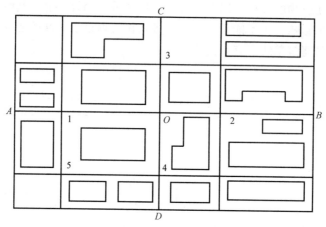

图 6-4　建筑方格网

建筑方格网的布设，除与建筑基线基本相同外，还必须做到：方格网的主轴线应尽量选在建筑场地的中央，并与总平面图上所设计的主要建筑物轴线平行或垂直；方格网的折角为 90°，其测设限差为 ±5″；方格网的边长一般为 100~300m。

由于建筑方格网是根据场地主轴线布置的，因此在测设时，应首先根据场地原有的测图控制点测设出主轴线的 3 个主点。

如图 6-5 所示，AOB、COD 为建筑方格网的主轴线，A、B、C、D、O 是主轴线上的主位点，称主点。

根据附近已知控制点坐标与主轴线测量坐标计算出测设数据，测设主轴线点。

测设方法如图 6-5 所示，先测设主轴线 AOB，其方法与建筑基线测设相同，要求测定 ∠AOB 的测角中误差不应超过 ±2.5″，直线度限差 ±5″ 以内。

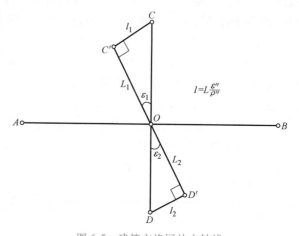

图 6-5　建筑方格网的主轴线

测设与主轴线 AOB 相垂直的另一主轴线 COD。将经纬仪安置于 O 点，瞄准 A 点，依次旋转 90° 和 270°，以精密量距初步定出 C' 和 D' 点。精确测出 ∠AOC' 和 ∠AOD'，分别算出它们与之差 $\varepsilon_1$ 和 $\varepsilon_2$，并按下式计算出调整值。即

$$l = L \frac{\varepsilon''}{\rho''}$$

式中　$L$——表示 OC' 或 OD' 的距离；

　　　$\rho''$——值为 206265。

点位改正后，应检查两主轴线交角和主点间水平距离，其均应在规定限差范围之内。测设时，各轴线点应埋设混凝土桩。

如图6-4所示，在测设出主轴线之后，从 $O$ 点沿主轴线方向进行精密量距，定出1、2、3、4点；然后，将两台经纬仪分别安置在主轴线上的1、3两点，均以 $O$ 点为起始方向，分别向左和向右精密测设角，按测设方向交会出5点的位置。交点5的位置确定后，即可进行交角的检测和调整。同法，用方向交会法测设出其余方格网点，所有方格网点均应埋设永久性标志。

3. 施工场地的高程控制测量

1）建筑施工场地的高程控制测量应与国家高程控制系统相联测，以便建立统一的高程系统，并在整个施工场地内建立可靠的水准点，形成水准网。

2）水准点应布设在土质坚实、不受震动影响、便于长期使用的地点，并埋设永久标志。

3）水准点亦可在建筑基线或建筑方格网点的控制桩面上，并在桩面设置一个突出的半球状标志。

4）场地水准点的间距应小于1km；水准点距离建筑物、构筑物不宜小于25m，距离回填土边线不宜小于15m。

5）水准点的密度应满足测量放线要求，尽量做到设一个测站即可测设出待测的水准点。

6）水准网应布设成闭合水准路线、附合水准路线或结点网形。中小型建筑场地一般可按四等水准测量方法测定水准点的高程；对连续性生产的车间，则需要用三等水准测量方法测定水准点高程；当场地面积较大时，高程控制网可分为首级网和加密网两级布设。

### 三、建筑物定位与放线

1. 建筑物的定位

建筑物四周外廊主要轴线的交点决定了建筑物在地面上的位置，称为定位点或角点，建筑物的定位就是根据设计条件，将这些轴线交点测设到地面上，作为细部轴线放线和基础放线的根据，由于设计条件和现场条件不同，建筑物的定位方法也有所不同。

（1）建筑施工测量的技术准备

1）熟悉设计图纸。

① 建筑总平面图：表示建筑物间的平面和高程关系，如图6-6所示。

② 建筑平面图：表示建筑物总尺寸和内部定位轴线关系，它是放样的基础资料，如图6-7所示。

③ 基础平面图：表示基础边线与定位轴线间的关系，从而确定放样基础轴线的必要数据，如图6-8所示。

④ 基础剖面图：表示立面尺寸、设计标高、基础边线与定位轴线间的

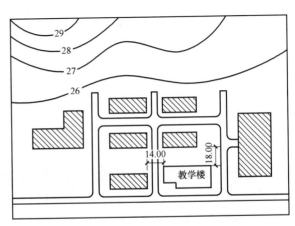

图6-6　建筑总平面图

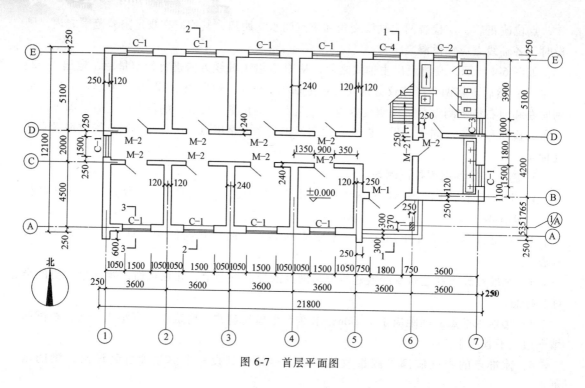

图 6-7　首层平面图

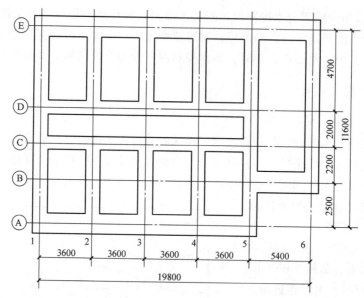

图 6-8　基础平面图

关系，如图 6-9 所示。

2）现场踏勘。了解地物和地貌，调查原有平面控制点和水准点的情况，并调查与施工测量有关的问题。

3）确定测设方案。利用原有的建筑物、利用建筑基线或方格网、利用道路红线、已有测量控制点定位。

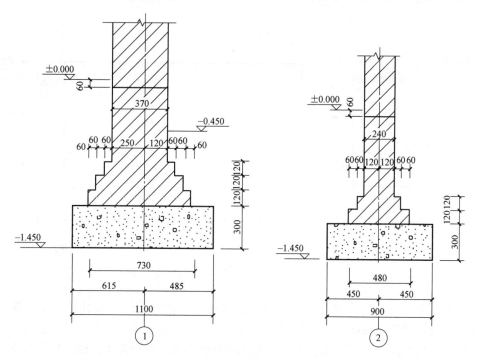

图 6-9　基础剖面图

4）平整和清理施工现场，以便进行测设工作。

5）准备测设数据。计算测设数据和绘制测设草图，对各设计图纸的有关尺寸及测设数据应仔细核对，以免出现差错，如图 6-10 所示。

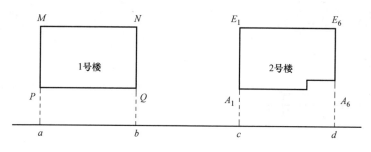

图 6-10　测设草图

（2）根据与原有建筑物的关系定位　在总平面图上通常直接给出各类拟建建筑物与周围现有建筑物、道路中心线或建筑红线的简单几何关系，如与某条件呈水平或垂直，并标注出其间距，以确定位置，这是建筑物在其功能、采光、防火等方面设计的需要，同时也便于定位。

如图 6-11 所示，根据原有建筑物来定位拟建建筑物，操作步骤如下。

1）根据原有建筑物外墙延长确定建筑基线，在基线上确定待建建筑物各定位轴线的投影位置。

2）在定位轴线的投影点上测设直角，沿其方向量距得各轴线交点。

3）检查调整：量取距离往返误差≤1/2000，量取角度盘左盘右误差≤±40″。

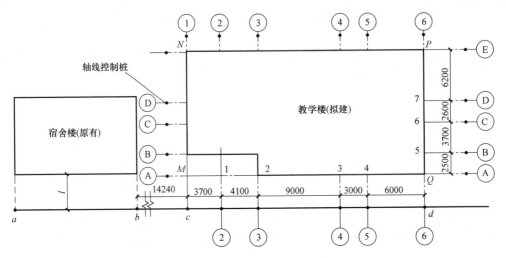

图 6-11　根据原有建筑物来定位拟建建筑物

（3）根据建筑方格网和建筑基线定位　如果建筑物的待定位点设计坐标是已知的，且建筑场地已设有建筑方格网或建筑基线，可利用直角坐标法测设定位点，当然也可用极坐标法等其他方法进行测设，但直角坐标法所需的测设数据的计算较为方便，在使用全站仪或经纬仪和钢尺实地测设时，建筑物总尺寸和四大角的精度容易控制和检核，如图 6-12 所示。

（4）根据规划道路红线定位　靠近城市道路的建筑物设计位置应以城市规划道路的红线为依据，如图 6-13 所示。操作步骤如下。

1）放样数据的计算。

2）测设。

3）检查调整。

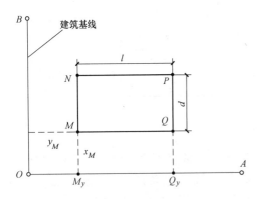

图 6-12　根据建筑方格网和建筑基线定位

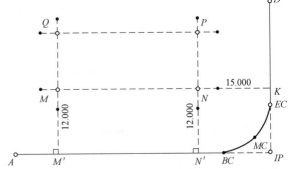

图 6-13　根据规划道路红线定位

2. 建筑物放线

根据已测好的主轴线，详细测设拟建建筑物其他各轴线交点的位置，并用木桩（中心桩）标定出来，这项工作就称为建筑物的放线。

建筑物定位以后，所测设的轴线交点桩（或称角桩），在开挖基础时将被破坏。施工时为了能方便地恢复各轴线的位置，一般是把轴线延长到安全地点，并做好标志。延长轴线的方法有两种：龙门板法（见图6-14）和轴线控制桩法。

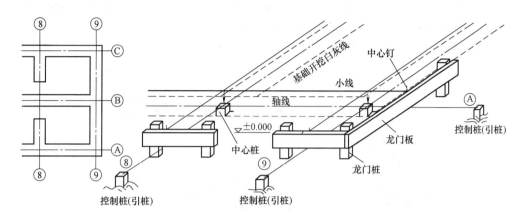

图6-14　布设龙门桩

龙门板法适用于一般小型的民用建筑物，为了方便施工，在建筑物四角与隔墙两端基槽开挖边线以外1.5～2m处钉设龙门桩。桩要钉得竖直、牢固，桩的外侧面与基槽平行。根据建筑场地的水准点，用水准仪在龙门桩上测设建筑物±0.000标高线。根据±0.000标高线把龙门板钉在龙门桩上，使龙门板的顶面在一个水平面上，且与±0.000标高线一致。用经纬仪将各轴线引测到龙门板上。

轴线控制桩设置在基槽外基础轴线的延长线上，作为开槽后各施工阶段确定轴线位置的依据。轴线控制桩离基础外边线的距离根据施工场地的条件而定。如果附近有已建的建筑物，也可将轴线投设在建筑物的墙上。为了保证控制桩的精度，施工中往往将控制桩与定位桩一起测设，有时先控制桩，再测设定位桩。

（1）测设轴线控制桩　施工放线的目的就是为了基槽开挖施工，而基槽开挖后，位于基槽中心线上的各轴线桩（中心桩）立即就被挖掉，而以后的各施工阶段中，还需要恢复轴线多次。因此，为了恢复被破坏的轴线，必须在各轴线延长线的两端测设轴线控制桩，作为恢复轴线的依据。

轴线控制桩又叫引桩或保险桩，它必须固定在不受施工干扰并便于引测的地方，现场条件允许时，也可在轴线延长线两端的固定建筑物上直接做出记号。同时，为了保证轴线控制桩的精度，最好是在测设轴线桩（中心桩）的同时一并测设轴线控制桩（引桩），特别是矩形网四周轴线控制桩的测设更应如此。

（2）测设龙门板　龙门板是使放线工作便于集中进行的一种简易设施。因为它不但可以控制房屋的轴线，而且还可以控制±0.000以下的各种高程关系和基槽宽、基础宽、场宽等各种边界线，所以，在传统的房屋放线工作中，乐于测钉龙门板来进行放线。

龙门板的测设过程如下：

1）钉设龙门桩。在房屋各轴线两端不受施工干扰的适当位置打下一对木桩，叫龙门桩。龙门桩要钉得牢固、竖直，两桩的连线尽量与该轴线垂直。

2）引测标高线。根据施工现场附近水准点的高程，把室内地坪设计标高（±0.000）引测到龙门桩上，并做上标记。若施工现场地面太高或太低，也可引测一个比±0.000 稍大或稍小的高程值于龙门桩上。

3）钉设龙门扳。沿龙门桩上测设出的标高线钉设龙门板（见图 6-15）。这样，所有龙门板的顶面标高都相同，而且都为±0.000（允许误差为 3mm）。

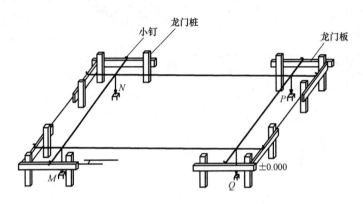

图 6-15　钉设龙门板

4）投测各轴线。用经纬仪把各相应轴线投测到龙门板上，并钉上小钉作为标志，这个小钉叫中心钉。中心钉不但可以代替轴线控制线，而且还是确定其他边界线的基准，所以中心钉的钉设一定要准确。

5）标定各边线。用钢尺沿龙门板顶面检查各相邻中心钉的间距是否正确，其精度应高于 1/3000。检查无误后，以中心钉为准，将墙边线、基础边线、基槽开挖边线等标定在龙门板上。至此，龙门板才算测钉完毕。

（3）撒出基槽开挖边界白灰线　在轴线的两端，根据龙门板上标定出的基槽开挖边界标志拉上小线，并沿此小线撒上白灰线。

因为测钉龙门板需用木材而且占用建筑场地，所以，现在不少施工单位只测设轴线控制桩而不测钉龙门板。此时，只有根据中心桩或控制桩来确定基槽开挖边界线而拉小线撒白灰了。

### 四、建筑物基础工程施工放线

#### 1. 基槽开挖深度

建筑物轴线放样完毕后，按照基础平面图上的设计尺寸，在地面放出灰线的位置上进行开挖。为了控制基槽开挖深度，当基槽开挖到接近槽底设计高程时，因在槽壁上测设一些水平桩，使水平桩的上表面离槽底设计高程为某一整分米数，用以控制挖槽深度，也可作为槽底清理和打基础垫层时掌握标高的依据。

水平桩可以是木桩也可以是竹桩，测设时，以画在龙门板或周围固定地物的±0.000 标高线为已知高程点，用水准仪进行测设，小型建筑物也可用连通水管法进行测设。水平桩上的高程误差应在±10mm 以内。

如图 6-16 所示，设龙门板顶面标高为±0.000，槽底设计标高为 -2.1m，水平桩高于槽底 0.5m，即水平桩高程为 -1.6m，用水准仪后视龙门板顶面上的水准尺，读数 $a = 1.280$m，则水平桩上标尺的应有读数为 0+1.280-(-1.6)m = 2.880m。

测设时沿槽壁上下移动水准尺，当读数为 2.880m 时沿尺底水平地将桩打进槽壁，然后检核该桩的标高，如超限便进行调整，直至误差在规定范围以内。

2. 垫层标高控制

垫层面标高的测设可以水平桩为依据在槽壁上弹线，也可在槽底打入垂直桩，使桩顶标高等于垫层面的标高。如果垫层需安装模板，可以直接在模板上弹出垫层面的标高线。

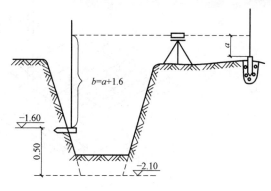

图 6-16　基槽水平桩测设

如果机械开挖，一般是一次挖到设计槽底或坑底的标高，因此要在施工现场安置水准仪，边挖边测，随时指挥挖土机调整挖土深度，使槽底或坑底的标高略高于设计标高（一般为 10cm，留给人工清土）。挖完后，为了给人工清底和打垫层提供标高依据，还因在槽壁或坑壁上打水平桩，水平桩的标高一般为垫层面的标高。当基坑底面积较大时，为便于控制整个底面的标高，应在坑底均匀地打一些垂直桩，使桩顶标高等于垫层面的标高。

3. 在垫层上测设中心线

垫层打好后，根据龙门板上的轴线钉或轴线控制桩，用经纬仪或用拉线挂吊锤的方法，把轴线投测到垫层面上，并用墨线弹出基础中心线和边线，以便砌筑基础或安装基础模板。

4. 基础标高的检查

基础墙的标高一般是用基础皮数杆来控制的，皮数杆是用一根木杆做成，在杆上注明 ±0.000 的位置，按照设计尺寸将砖和灰缝的厚度，分皮从上往下一一画出来，此外还应注明防潮层和预留洞口的标高位置。

如图 6-17 所示，立皮数杆时，可先在立杆处打一木桩，用水准仪在木桩侧面测设一条高于垫层设计标高某一数值（如 0.2m）的水平线，然后将皮数杆上标高相同的一条线与木桩上的水平线对齐，并用铁钉把皮数杆和木桩钉在一起，这样立好皮数杆后，即可作为砌筑基础墙的标高依据。

对于采用钢筋混凝土的基础的，可用水准仪将设计标高测设在模板上。

### 五、墙体施工测量

1. 首层楼房墙体施工测量

（1）墙体轴线测设　基础施工结束后，应对龙门板或轴线控制桩进行检查复核，以防基础施工期间发生碰动移位。复核无误后，可根据轴线控制桩或龙门板上的轴线钉，用经纬仪法或拉线法，把首层楼房的墙体轴线测设到防潮层上，并弹出墨线，然后用钢尺检查墙体轴线的间距和总长是否等于设计值，用经纬仪检查外墙轴线 4 个主要交角是否等于 90°。符合要求后，把墙轴线延长到基础外墙侧面上并弹线和做出标志，作为向上投测各层楼墙体轴线的根据。同时还应把门、窗和其他洞口的边线，也在基础外墙侧面上做出标志，如图 6-18 所示。

墙体砌筑前，根据墙体轴线和墙体厚度，弹出墙边线，照此进行墙体砌筑。砌筑到一定

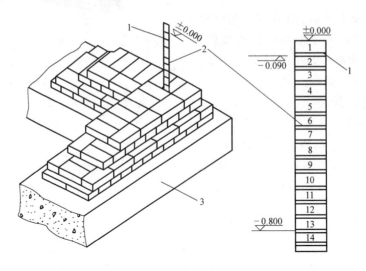

图 6-17　建筑基础测设
1—防潮层　2—皮数杆　3—垫层

高度后，吊锤线将基础外侧墙面上的轴线引测到地面以上的墙体，以免基础覆土后看不见轴线标志。如果轴线处是钢筋混凝土柱，则在拆柱模后将轴线引测到桩身上。

（2）墙体标高测设　墙体砌筑时，其标高用墙身皮数杆控制。如图 6-19 所示，在皮数杆上根据设计尺寸，按砖和灰缝厚度划线，并标明门、窗、过梁、楼板等的标高位置。杆上标高注记从±0 向上增加。

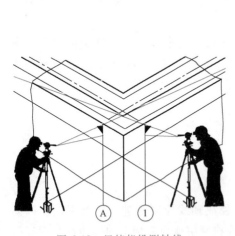

图 6-18　经纬仪投测轴线

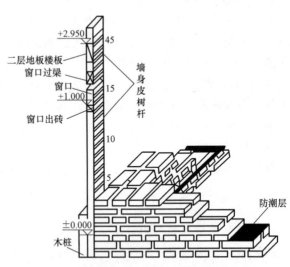

图 6-19　皮数杆控制墙体标高

墙身皮数杆一般立在建筑物的拐角和内墙处，固定在木桩或基础墙上。为了便于施工，采用里脚手架时，皮数杆立在墙的外边。采用外脚手架时，皮数杆应立在墙里边。立皮数杆时，先用水准仪在立杆处的木桩或基础墙上测设出±0.000 标高线，测量误差在±3mm 以内，然后把皮数杆的±0.000 线与该线对齐，用吊锤校正，用钉钉牢，必要时可在皮数杆上加两根斜撑，以保证皮数杆的稳定。

墙体砌筑到一定高度后（1.5m 左右），应在内、外墙面上测设出+0.5m 标高的水平墨线，称为"+50 线"。外墙的+50 线作为向上传递各层标高的依据，内墙的+50 线作为室内地面施工及室内装修的标高依据。

2. 二层以上楼房墙体施工测量

每层楼面建好后，为保证继续往上砌筑墙体时，墙体轴线均与基础轴线在同一铅垂面上，应将基础或首层墙面上的轴线测设到楼面上，并在楼面上重新弹出墙体的轴线，检查无误后，以此为根据弹出墙体边线，再往上砌筑。在这个测量工作中，从下往上进行轴线投测是关键，高层墙体轴线投测多用激光垂准仪法，如图 6-20 所示。

一般多层建筑常用经纬仪投测轴线（见图 6-21）或吊锤线投测轴线（见图 6-22）。

将较重的锤球悬挂在露面的边缘，慢慢移动，使锤球尖对准地面上的轴线标志，或者使吊锤线下部沿垂直墙面方向与底层墙面上的轴线标志对齐，吊锤线上部在楼面边缘的位置就是墙体轴线位置，在此画一条短线作为标志，便在楼面上得到轴线的一个端点，同法投测另一端点，两端点的连线即为墙体轴线。

一般应将建筑物的主轴线都投测到楼面上来，并弹出墨线，用钢尺检查轴线间的距离，其相对误差不得大于 1/3000，符合要求之后，再以这些主轴线为依据，用钢尺内分法测设其他细部轴线。在困难的情况下至少要测设两条垂直相交的主轴线，检查交角合格后，用经纬仪和钢尺测设其他主轴线，再根据主轴线测设细部轴线。

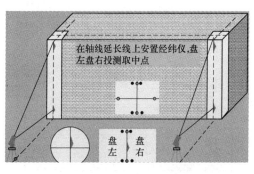

图 6-21 经纬仪投测轴线

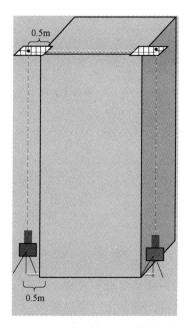

图 6-20 激光垂准仪法投测轴线

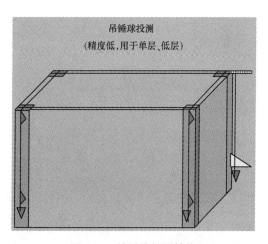

图 6-22 吊锤线投测轴线

吊锤线法受风力的影响较大，楼层较高时风的影响更大，因此应在风小的时候作业，投测时应等待吊锤稳定下来后再在楼面上定点。此外，每层楼面的轴线均应直接由底层投测上来，以保证建筑物的总竖直度，只要注意这些问题，用吊锤线法进行多层楼房的轴线投测的精度是有保证的。

3. 墙体标高传递

在多层建筑物施工中，要由下往上将标高传递到新的施工楼层，以便控制楼层的墙体施工，使建筑标高符合要求。标高传递一般可有以下两种方法：

（1）利用皮杆数传递标高　一层楼墙体砌完并建好楼面后，把皮数杆移到二层继续使用。为了使皮数杆立在同一水平面上，用水准仪测定楼面四角的标高，取平均值作为二楼的地面标高，并在立杆处绘出标高线，立杆时将皮数杆的±0.000线与该线对齐，然后以皮数杆为标高的依据进行墙体砌筑。如此用同样方法逐层往上传递高程，如图6-23所示。

（2）利用钢尺传递标高　在标高精度要求较高时，可用钢尺从底层的+50标高线起往上直接丈量，把标高传递到第二层，然后根据传递上来的高程测设第二层的地面标高线，以此为依据立皮数杆。在墙体砌到一定高度后，用水准仪测设该层的+50标高线，再往上一层的标高可以此为准用钢尺传递，以此类推，逐层传递标高，如图6-24所示。

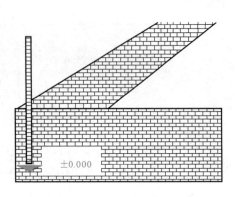

图6-23　利用皮数杆传递标高

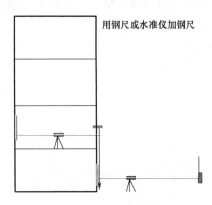

图6-24　利用钢尺传递标高

## 技能训练

### 任务一　简单建筑物放线

1. 任务目的

简单建筑物放线，如图6-25所示。

2. 任务准备

1）技术准备：学习教材相关内容，熟悉建筑物放线的技术要求和方法。

2）仪器工具准备：经纬仪、钢尺、标杆、木桩、设计图样给定的定位数据。

3. 任务实施

1）测设轴线控制桩。

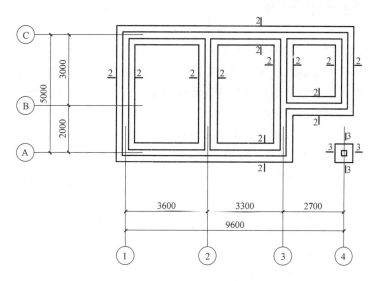

图 6-25　建筑基础放线

2）龙门板的测设。

3）测设基槽开挖边界线。

4．注意事项

本训练是测量放线工重要的基本功，应熟练掌握教材内容，认真训练。

## 任务二　建筑物基础工程施工放线

1．任务目的

简单建筑物放线。

2．任务准备

1）技术准备：学习教材相关内容，熟悉建筑物放线的技术要求和方法。

2）仪器工具等准备：经纬仪、钢尺、标杆、木桩，以及设计图样给定的定位数据。

3．任务实施

（1）基槽开挖边线放线与基坑抄平

1）基槽开挖边线放线。在基础开挖前，按照基础详图上的基槽宽度和上口放坡的尺寸，由中心桩向两边各量出开挖边线尺寸，并做好标记；然后在基槽两端的标记之间拉一细线，沿着细线在地面用白灰撒出基槽边线，施工时就按此灰线进行开挖。

2）基坑抄平。为了控制基槽开挖深度，当基槽开挖接近槽底时，在基槽壁上自拐角开始，每隔 3~5m 测设 1 根比槽底设计高程高 0.3~0.5m 的水平桩，作为挖槽深度、修平槽底和打基础垫层的依据。水平桩一般用水准仪根据施工现场已测设的 ±0.000 标志或龙门板顶面高程来测设。槽底设计高程为 −1.700m，欲测设比槽底设计高程高 0.500m 的水平桩，首先在地面适当地方安置水准仪，立水准尺于 ±0.000 标志或龙门板顶面上，读取后视读数为 0.774m，求得测设水平桩的应读前视读数（0.774+1.700−0.500）m＝1.974m。然后贴槽壁立水准尺并上下移动，直至水准仪水平视线读数为 1.974m 时，沿尺子底面在槽壁打一小木桩，即为要测设的水平桩。

（2）基础施工包括垫层和基础墙的施工

1）垫层中线的测设：在基础垫层打好后，根据龙门板上的轴线钉或轴线控制桩，用经纬仪或用拉绳挂锤球的方法把轴线投测到垫层面上，并用墨线弹出墙中心线和基础边线，作为砌筑基础的依据。由于整个墙身砌筑均以此线为准，所以要进行严格校核。

2）垫层面标高的测设：垫层面标高的测设是以槽壁水平桩为依据在槽壁弹线，或在槽底打入小木桩进行控制。如果垫层需支架模板可以直接在模板上弹出标高控制线。

3）基础墙标高的控制：墙中心线投在垫层上，用水准仪检测各墙角垫层面标高后，即可开始基础墙（±0.000以下的墙）的砌筑，基础墙的高度是用基础皮数杆来控制的。基础皮数杆是用一根木杆制成，在杆上事先按照设计尺寸将每皮砖和灰缝的厚度一一画出，每五皮砖注上皮数，（基础皮数杆的层数从±0.000m向下注记）并标明±0.000m和防潮层等的标高位置。

立皮数杆时，可先在立杆处打一根木桩，用水准仪在木桩侧面定出一条高于垫层标高某一数值（10cm）的水平线，然后将皮数杆上相同的一条标高线对齐木桩上的水平线，并用钉把皮数杆与木桩钉在一起，作为基础墙砌筑的标高依据。

基础施工结束后，应检查基础面的标高是否符合设计要求。可用水准仪测出基础面上若干点的高程，并与设计高程相比较，允许误差为±10mm。

# 知识拓展

## 高层建筑施工测量

高层建筑物施工测量中的主要问题是控制垂直度，就是将建筑物的基础轴线准确地向高层引测，并保证各层相应轴线位于同一竖直面内，控制竖向偏差，使轴线向上投测的偏差值不超限。

轴线向上投测时，要求竖向误差在本层内不超过5mm，全楼累计误差值不应超过$2H/10000$（$H$为建筑物总高度），且应满足以下要求：30m$<H\leqslant$60m时，不大于10mm；60m$<H\leqslant$90m时，不大于15mm；90m$<H$时，不大于20mm。

高层建筑物轴线的竖向投测，主要有外控法和内控法两种，下面分别介绍这两种方法。

### 一、外控法

外控法是在建筑物外部，利用经纬仪，根据建筑物轴线控制桩来进行轴线的竖向投测，亦称作经纬仪引桩投测法。具体操作方法如下：

1. 在建筑物底部投测中心轴线位置

高层建筑的基础工程完工后，将经纬仪安置在轴线控制桩$A_1$、$A_1'$、$B_1$和$B_1'$上，把建筑物主轴线精确地投测到建筑物的底部，并设立标志，如图6-26中的$a_1$、$a_1'$、$b_1$和$b_1'$，以供下一步施工与向上投测之用。

2. 向上投测中心线

随着建筑物不断升高，要逐层将轴线向上传递，如图6-26所示，将经纬仪安置在中心轴线控制桩$A_1$、$A_1'$、$B_1$和$B_1'$上，严格整平仪器，用望远镜瞄准建筑物底部已标出的轴线$a_1$、$a_1'$、$b_1$和$b_1'$点，用盘左和盘右分别向上投测到每层楼板上，并取其中点作为该层中心轴

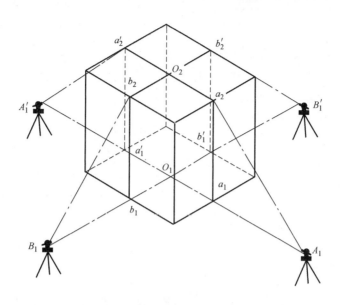

图 6-26　经纬仪投测中心轴线

线的投影点，如图 6-26 中的 $a_2$、$a_2'$、$b_2$ 和 $b_2'$。

3. 增设轴线引桩

当楼房逐渐增高，而轴线控制桩距建筑物又较近时，望远镜的仰角较大，操作不便，投测精度也会降低。因此，要将原中心轴线控制桩引测到更远的安全地方，或者附近大楼的屋面。

具体做法是，将经纬仪安置在已经投测上去的较高层（如第十层）楼面轴线 $a_{10}a_{10}'$ 上，如图 6-27 所示，瞄准地面上原有的轴线控制桩 $A_1$ 和 $A_1'$ 点，用盘左、盘右分中投点法，将轴线延长到远处 $A_2$ 和 $A_2'$ 点，并用标志固定其位置，$A_2$、$A_2'$ 即为新投测的 $A_1A_1'$ 轴控制桩。

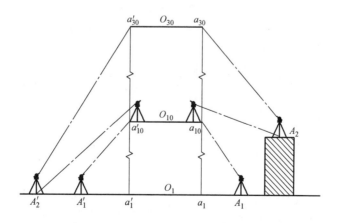

图 6-27　经纬仪引桩投测

更高各层的中心轴线，可将经纬仪安置在新的引桩上，按上述方法继续进行投测。

## 二、内控法

内控法是在建筑物内±0.000平面设置轴线控制点，并预埋标志，以后在各层楼板位置上相应预留200mm×200mm的传递孔，在轴线控制点上直接采用吊锤线法或激光垂准仪法，通过预留孔将其点位垂直投测到任一楼层，如图6-28所示。

1. 内控法轴线控制点的设置

在基础施工完毕后，在±0.000首层平面上，适当位置设置与轴线平行的辅助轴线。辅助轴线距轴线500~800mm为宜，并在辅助轴线交点或端点处埋设标志。

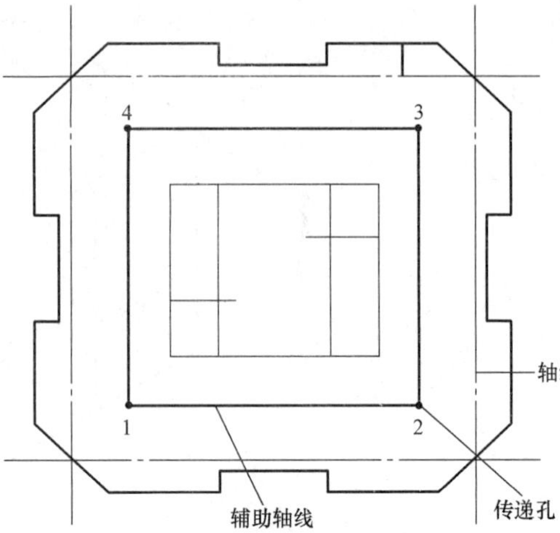

图6-28　内控法轴线控制点的设置

2. 吊锤线法

吊锤线法是利用钢丝悬挂重锤球的方法，进行轴线竖向投测。这种方法一般用于高度在50~100m的高层建筑施工中，锤球的重量为10~20kg，钢丝的直径为0.5~0.8mm。投测方法如下。

如图6-29所示，在预留孔上面安置十字架，挂上锤球，对准首层预埋标志。当锤球线静止时，固定十字架，并在预留孔四周做出标记，作为以后恢复轴线及放样的依据。此时，十字架中心即为轴线控制点在该楼面上的投测点。

用吊锤线法实测时，要采取一些必要措施，如用铅直的塑料管套着坠线或将锤球沉浸于水（或油）中，以减少摆动。

3. 激光垂准仪法

（1）激光垂准仪简介　激光垂准仪是一种专用的铅直定位仪器（见图6-30）。适用于高层建筑物、烟囱及高塔架的铅直定位测量。

激光垂准仪的基本构造主要由氦氖激光管、精密竖轴、发射望远镜、水准器、基座、激光电源及接收屏等部分组成。

激光器通过两组固定螺钉固定在套筒内。激光垂准仪的竖轴是空心筒轴，两端有螺扣，上、下两端分别与发射望远镜和氦氖激光器套筒相连接，二者位置可对调，构成向上或向下发射激光束的垂准仪。仪器上设置有两个互成90°的管水准器，仪器配有专用激光电源。

（2）激光垂准仪投测轴线　如图6-31所示为激光垂准仪进行轴线投测的示意图，其投测方法如下：

1）在首层轴线控制点上安置激光垂准仪，利用激光器底端（全反射棱镜端）所发射的激光束进行对中，通过调节基座整平螺旋，使管水准器气泡严格居中。

2）在上层施工楼面预留孔处放置接受靶。

3）接通激光电源，启辉激光器发射铅直激光束，通过发射望远镜调焦，使激光束会聚成红色耀目光斑，投射到接受靶上。

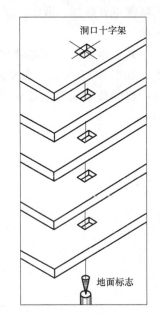

图6-29　吊锤线法投测轴线

4）移动接受靶，使靶心与红色光斑重合，固定接受靶，并在预留孔四周做出标记，此时，靶心位置即为轴线控制点在该楼面上的投测点。

图 6-30　激光垂准仪

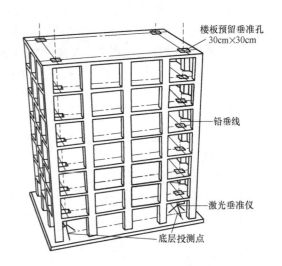

图 6-31　激光垂准仪投测轴线

## 项目评价

本项目的评价方法、评价内容和评价依据见表 6-1。

表 6-1　项目评价（六）

| 评 价 方 法 | | |
|---|---|---|
| 采用多元评价法，教师点评、学生自评、互评相结合。观察学生参与、聆听、沟通表达自己看法、投入程度、完成任务情况等方面 | | |
| 评价内容 | 评 价 依 据 | 权重 |
| 知识 | 1. 能描述点位放样的各种方法<br>2. 能解释龙门桩、龙门板的作用和测设方法及要求<br>3. 掌握高程传递的方法 | 40% |
| 技能 | 1. 能进行建筑物的定位与放线<br>2. 会测设水平桩、能用经纬仪和吊锤球投测轴线<br>3. 会计算基础开挖线的放样宽度和测设步骤，会设置皮数杆 | 40% |
| 学习态度 | 1. 是否出勤、预习<br>2. 是否遵守安全纪律，认真倾听教师讲述、观察教师演示<br>3. 是否按时完成学习任务 | 20% |

## 复习巩固

### 一、单项选择题

1. 施工高程控制网，常采用（　　）。

A. 导线网      B. 三角网      C. 三角高程网      D. 水准网

2. 在多层建筑墙身砌筑过程中，为了保证建筑物轴线位置正确，可用吊锤球或（      ）将轴线投测到各层楼板边缘或柱顶上。

A. 经纬仪      B. 水准仪      C. 目测      D. 水平尺

3. 在高层建筑施工过程中，建筑物轴线的竖向投测，主要有外控法和内控法。内控法有吊锤线法和（      ），通过预留孔进行轴线投测。

A. 目测法                   B. 激光垂准仪法

C. 水准仪                   D. 经纬仪

4. 工业厂房一般应建立（      ），作为厂房施工测设的依据。

A. 导线网                   B. 建筑基线

C. 建筑方格网              D. 厂房矩形控制网

5. 烟囱筒壁的收坡，通常是用（      ）来控制的。

A. 经纬仪                   B. 激光垂准仪法

C. 靠尺板                   D. 坡度板

## 二、填空题

1. 施工测量的检核工作非常重要，必须加强外业和内业的检核工作，遵循＿＿＿＿＿＿＿的基本原则。

2. 由正方形或矩形组成的施工平面控制网，称＿＿＿＿＿＿＿，或称为＿＿＿＿＿＿＿。

3. 布设建筑方格网时，应根据总平面图上各建（构）筑物、＿＿＿＿＿＿＿的布置情况，结合现场的地形等条件综合确定。

4. 建筑方格网的主轴线，应布设在建筑区的中部，与主要建筑物轴线＿＿＿＿＿＿＿。

5. 建筑施工场地的高程控制网，一般采用＿＿＿＿＿＿＿方法建立。

6. 施工场地的高程控制网，应布设成＿＿＿＿＿＿＿，以便检核。

7. 高程控制网可分为首级网和加密网，相应的水准点称为＿＿＿＿＿＿＿和＿＿＿＿＿＿＿。

8. 当基坑挖到一定深度时，应在基坑四壁离基坑底设计标高 0.5m 处，测设＿＿＿＿＿＿＿，作为检查基坑底标高和控制垫层的依据。

## 三、判断题

1. 建筑场地的高程控制测量，一般采用水准测量的方法建立。 （      ）

2. 建筑物的放线，就是将建筑物外廓各轴线交点测设在地面上，作为基础放样和细部放样的依据。 （      ）

3. 房屋基础墙是指±0.000 以下的砖墙，它的高度常用基础皮数杆进行控制。 （      ）

4. 在建筑物墙体施工中，墙身各部位标高通常是用皮数标杆进行控制的。 （      ）

5. 工业厂房一般应建立厂房矩形控制网，作为厂房测设的依据。 （      ）

6. 在工业建筑施工测量中，柱子安装测量的目的是使柱子位置正确、柱身铅垂及牛腿面高程符合设计要求。 （      ）

7. 在工业建筑施工测量中，吊车梁安装测量主要是保证吊车梁中线位置及其标高符合设计要求。 （      ）

8. 烟囱施工测量时，只要严格控制其中心位置正确，保证烟囱主体竖直即可。 （      ）

9. 用建筑方格网作控制，适用于各种建筑场地。 （      ）

### 四、简答题

1. 施工测量的目的是什么？

2. 什么是建筑物的定位？

3. 什么是建筑物的放线？

### 五、计算题

如图 6-32 所示，"一"字形建筑基线 $A'$、$O'$、$B'$ 三点已测设在地面上，经检测 $\beta' = 179°59'18''$。设计 $AO$、$BO$ 的长度分别为 $a = 150.000$m，$b = 100.000$m，试求 $A'$、$O'$、$B'$ 三点的调整值，并说明如何调整才能使三点成一直线。

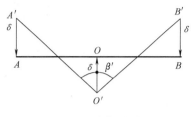

图 6-32　计算题题图

### 六、思考题

1. 在图 6-33 中，已标出新建筑物的尺寸及新建筑物与原有建筑物的相对位置尺寸，已知建筑物轴线距外墙皮 240mm，新建筑物的测设工作应该如何进行？

2. 编绘竣工总平面图的依据是什么？

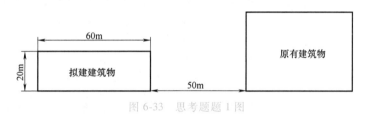

图 6-33　思考题题 1 图

# 项目七

# 房产测量

## 项目导入

　　房地产测绘就是运用测绘仪器、测绘技术、测绘手段来测定房屋、土地及其房地产的自然状况、权属状况、位置、数量、质量和利用状况的专业测绘，隶属于工程测量。本项目旨在使学生通过学习，了解并掌握房产测绘的内容及方法，学会房产分幅图的测绘，房产分丘图和分层分户图测绘，房屋建筑面积和用地面积测定，场地平整中土方计算等知识技能。

## 相关知识

### 一、房产测绘

　　房地产是房产和地产的总称。我国法律对其还没有明确的规定，一般都将之看作房屋与土地的合称，它具有实物性、经济性、不动性。

　　房地产测绘细分为房地产基础测绘和房地产项目测绘两种。

　　1. 房地产基础测绘

　　房地产基础测绘是指在一个城市或一个地域内，大范围、整体地建立房地产的平面控制网，测绘房地产的基础图纸——房地产分幅平面图。

　　2. 房地产项目测绘

　　房地产项目测绘，是指在房地产权属管理、经营管理、开发管理及其他房地产管理过程中需要进行房地产分丘平面图、房地产分层分户平面图及相关的图、表、册、簿、数据等开展的测绘活动。房地产项目测绘与房地产权属管理、交易、开发、拆迁等房地产活动紧密相关，工作量大，其中最大量、最具现实、最重要的是房屋、土地权属证件附图的测绘。

### 二、房产测绘内容与流程

　　1. 房产测绘内容

　　（1）平面控制测量　平面控制测量包括控制网的形式、精度，高程要求。

　　（2）房产调查　房产调查包括房屋调查、房屋用地调查，现场勘探。

　　（3）房产图测绘　房产图测绘包括房产要素，房产图集。

　　（4）房产面积量计算　房产面积量计算包括适量尺寸计算，坐标计算。

　　（5）房产变更测量　房产变更测量包括日常变更测量，定期变更测量。

　　（6）成果资料的整理、检查与验收

2. 房产测绘流程

房产项目测绘流程如图 7-1 所示。

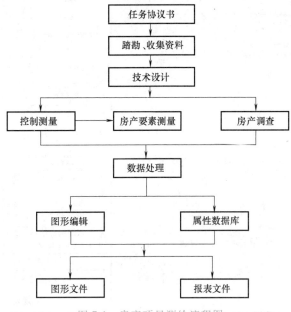

图 7-1 房产项目测绘流程图

### 三、房产分幅图测绘

1. 房产分幅图

分幅图（见图 7-2）是全面反映房屋及其用地的位置、面积和权属等状况的基本图，是测制分丘图和分户图的基础。主要表示房产管理需要的各项地籍要素和房产要素，突出房产要素和权属关系，以确定房屋所有权和土地使用权权属界线为重点，准确反映房屋和土地的利用现状，精确测算房屋建筑面积和土地使用面积。

2. 分幅图的测绘范围

分幅图的测绘范围包括城市、县城、建制镇的建成区和建成区以外的工矿企事业等单位及其相毗邻的居民点，并应与开展城镇房屋所有权登记的范围一致。

3. 分幅图的测绘内容

房产分幅图应表示的内容包括：控制点、行政境界、丘界、房屋及附属设施和房屋外围护物、丘号、幢号、房产政权号、门牌号、房屋产别、结构、层数、房屋用途和用地分类等，以及与房产有关的地形要素和注记等。

4. 分幅图的规格

1）分幅图采用 50cm×50cm 正方形分幅。

2）建筑物密集区的分幅图一般采用 1：500 比例尺，其他区域的分幅图可以采用 1：1000比例尺。

3）分幅图的图纸采用厚度为 0.07~1mm，经定型处理且变形率小于 0.02% 的聚酯薄膜。

4）分幅图一般采用单色。

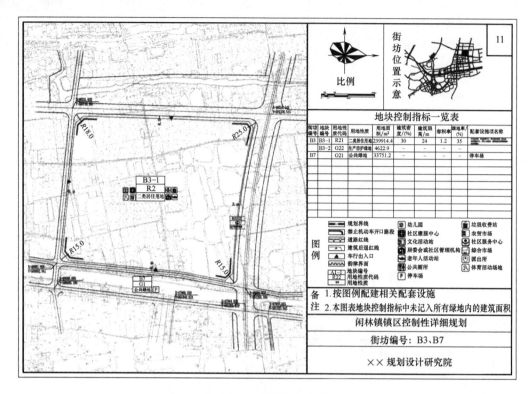

图 7-2　××市规划分幅图

5. 分幅图的编号

分幅图编号以高斯-克吕格坐标的整公里格网为编号区，由编号区代码加分幅图代码组成，编号区的代码以该公里格网西南角的横纵坐标公里值表示（见图 7-3）。

| 分幅图的编号 | 编号区代码 | 分幅图代码 |
|---|---|---|
| 完整编号 | * * * * * * * * *<br>（9 位） | * *<br>（2 位） |
| 简略编号 | * * * *<br>（4 位） | * *<br>（2 位） |

图 7-3　分幅图编号

完整的编号区代码由 9 位数组成，代码含义如下：

第 1 位、第 2 位数为高斯-克吕格坐标投影带的带号或代号，第 3 位数为横坐标的百公里数，第 4 位、第 5 位数为纵坐标的千公里数和百公里数，第 6 位、第 7 位数为横坐标的十公里和整公里数，第 8 位、第 9 位数为纵坐标的十公里和整公里数。

分幅图代码由两位数组成，按图 7-4 规定执行。

在分幅图上标注分幅图编号时可采用简略编号，简略编号略去编号区代码中的百公里和百公里以前的数值。

6. 房产图的测绘方法

房产图测绘方法主要有全野外采集数据成图法、航摄像片采集数据成图法、野外解析测量数据成图法、平板仪测绘房产图法、编绘法绘制房产图等方法。

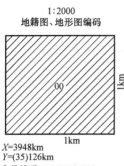

| 1:2000<br>地籍图、地形图编码 | 1:1000<br>房产分幅图编码 | 1:500<br>房产分幅图编码 |

$X$=3948km
$Y$=(35)126km
完整编码 35139264800
简略编码：　　264800

$X$=3948km
$Y$=(35)126km
完整编码 35139264840
简略编码：　　264840

$X$=3948km
$Y$=(35)126km
完整编码 35139264841
简略编码：　　264841

图 7-4　分幅图代码

（1）全野外采集数据成图　利用全站仪或经纬仪测距仪、电子平板、电子记录簿等设备在野外采集的数据，通过计算机屏幕编辑，生成图形数据文件，经检查修改，准确无误后，可通过绘图仪绘出所需成图比例尺的房产图（见图 7-5）。

全野外数据采集成图测绘流程为：收集资料、踏勘、拟订设计方案→首级控制测量→图根测量和界址点测量→房地产调查→野外数据采集→计算机数据处理→图形编辑→数控绘图仪绘制线划图。

（2）航摄像片采集数据成图　将各种航测仪器量测的测图数据，通过计算机处理生成图形数据文件；在屏幕上对照调绘片进行检查修改。对影像模糊的地物，被阴影和树林遮盖的地物及摄影后新增的地物应到实地

图 7-5　野外数据采集

检查补测。待准确无误后，可通过绘图仪按所需比例尺绘出规定规格的房产图。航测法测图流程如图 7-6 所示。

（3）编绘法绘制房产图　房产图根据需要可利用已有地形图和地籍图进行编绘。作为编绘的已有资料，必须符合实测图的精度要求，比例尺应等于或大于绘制图的比例尺。编绘工作可在地形原图复制或地籍原图复制的等精度图（以下简称二底图）上进行，其图廓变长、方格尺寸与理论尺寸之差不超过相关规定。补测应在二底图上进行，补测后的地物点精度应符合相关规范。

补测工作结束后，将调查成果准确转绘到二底图上，对房产图所需的内容经过清绘整饰，加注房产要素的编码和注记后，编成分幅图底图。

编绘法成图流程为：收集地形、地籍原图→复制等精度二底图→房地产调查→界址点测量→外业检查补测→编图→清绘、印刷。

## 四、房产分丘图和分层分户图测绘

### 1. 房产分丘图的测绘

分丘图（见图 7-7）是分幅图的局部图，是绘制房屋产权证附图的基本图。

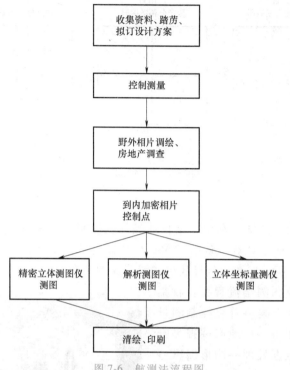

图 7-6　航测法流程图

（1）分丘图上应表示的内容　分丘图上除表示分幅图的内容外，还应表示房屋权界线、界址点点号、房角点，挑廊、阳台、建成年份、用地面积、建筑面积、墙体归属和四至关系等各项房产要素。

（2）分丘图的规格

1）分丘图的幅面可在 787mm×1092mm 的 1/32～1/4 之间选用。

2）分丘图的比例尺，根据丘面积的大小，可在 1∶100～1∶1000 之间选用。

3）分丘图的图纸一般采用聚酯薄膜，也可选用其他材料。

（3）分丘图的技术要求　分丘图的技术要求主要有以下两点：

1）展绘图廓线、方格网和控制点的各项误差不超过相关规定。

2）分丘图的坐标系统与分幅图的坐标系统应一致。

（4）分丘图上邻近关系的表述　在分丘图上，应分别注明所有周邻产权所有单位（或人）的名称，分丘图上各种注记的字头应朝北或朝西。

（5）毗邻墙体的表示与测量　测量本丘与邻丘毗邻墙体时，共有墙以墙体中间为界，量至墙体厚度的 1/2 处；借墙量至墙体的内侧；自有墙量至墙体外侧并用相应符号表示。

（6）重合要素的表示与处理　房屋权界线与丘界线重合时，表示丘界线；房屋轮廓线与房屋权界线重合时，表示房屋权界线。

（7）图面检查与图廓整饰　分丘图的图廓位置，根据该丘所在位置确定，图上需要注出西南角的坐标值，以公里数为单位注记至小数后三位。

（8）分丘图测绘方法　利用已有的房产分幅图，结合房地产调查资料，按本丘范围展绘界址点，描绘房屋等地物，实地丈量界址边、房屋边等长度，修测、补测成图。

图 7-7　房产分丘图

2. 分层分户图的测绘

分户图（见图7-8）是在分丘图的基础上绘制的细部图，以一户产权人为单位，表示房屋权属范围的细部图，以明确异产毗邻房屋的权利界线供核发房屋所有权证的附图使用。分户图是以各户的房屋权利范围大小为一产权单元，即以一幢房屋或几幢房屋或一幢房屋的某一层中的某一权属单元为单位绘制，如为多层房屋，则为房产分层分户图。

（1）分户图应表示的主要内容　分户图表示的主要内容包括房屋权界线、四面墙体的归属和楼梯、走道等部位，以及门牌号、所在层次、户号、室号、房屋建筑面积和房屋边长等。

（2）分户图上的文字注记　分户图上的文字注记主要包括以下内容：

1）房屋产权面积包括套内建筑面积和共有分摊面积，标注在分户图框内。

2）本户所在的丘号、户号、幢号、结构、层数和层次，标注在分户图框内。

| 丘号 | 0050—1 | 结构 | 混合 | 套内建筑面积/m² | 49.20 |
|------|--------|------|------|----------------|-------|
| 幢号 | 2 | 层数 | 05 | 共有分摊面积/m² | 4.80 |
| 户号 | 3 | 层次 | 4 | 套建筑（产权）面积/m² | 54.00 |
| 坐落 | ××市××路112号2幢2单元403室 | | | | |

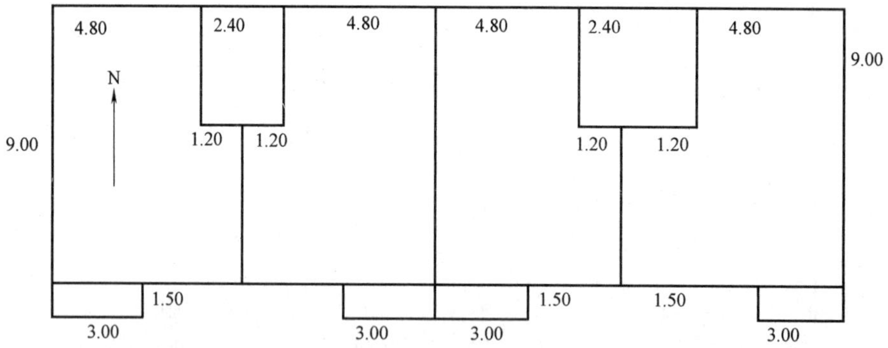

| 制图单位 | ××市房产管理局 |
|---------|---------------|
| 制图者 | ××× |
| 制图日期 | 2007年6月16日 |

1:200

图 7-8　房屋分户图

3）楼梯、走道等共有部位，需在范围内加简注。

（3）分户图的技术要求　分户图的技术要求包括以下几方面：

1）分户图的方位应使房屋的主要边线与图框边线平行，按照房屋的方向横放或竖放，并在适当位置加绘指北方向符号。

2）分户图的幅面可选用787mm×1092mm 的 1/32 或 1/16 等尺寸。

3）分户图的比例尺一般为 1：200，当房屋图形过大或过小时，比例尺可适当放大或缩小。

4）分户图上房屋的丘号、幢号、应与分丘图上的编号一致。房屋边长应实际丈量，注记区至 0.01mm，，注在图上相应位置。

（4）分户图的测绘要求　分户图以宗地为单位绘制，一宗地内的房屋，不论是一户或数户所有，均绘制在一张图纸上。

一个宗地内的房屋、土地如果分属两幅图上的，应绘制在一张分户图上，用铅笔标定其图幅的接边线。

一个宗地内只有一个产权时，房屋轮廓线用实线表示；一个宗地内有数户房产权时，房屋轮廓线用房屋所有权界线表示。房屋轮廓线、房屋所有权界线与土地使用权界线重合时，用土地使用权界线表示。

（5）分户图成图方法　分户图的成图可以直接利用测绘的分幅图上属于本户用地范围

的部分，进行实地调查核实修测后，通过数显大轮（见图 7-9）、电子测距仪（见图 7-10a、b）等仪器对建筑获得具体数据，绘制成分户图（见图 7-11）。如没有房产分幅图可以提供，而房产登记和发证工作亟待开展，可以按房产分宗分户图的要求标注相应的内容。也可在分幅图测绘完成后，根据户主在登记申请书中指明的使用范围制作分户图。

a)

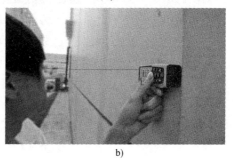

b)

图 7-9　数显大轮　　　　　　　　　　　　　图 7-10　测距仪实测图

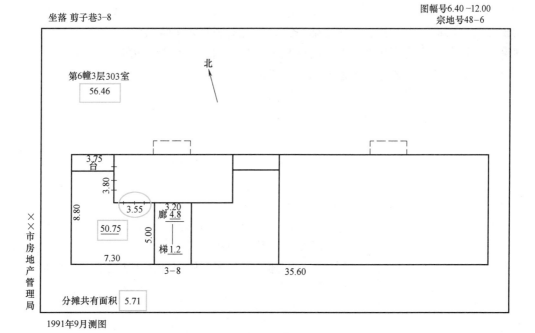

图 7-11　分层分户图

### 五、房屋建筑面积和用地面积测定

面积测算系指水平面积测算。分为房屋面积和用地面积测算两类，其中房屋测算包括房屋建筑面积、共有建筑面积、产权面积、使用面积等测算；用地面积测算包括房屋占地面积、其他用途的土地面积测算，各项地类面积的测算。

1. 房屋建筑面积的测算

（1）房屋的建筑面积　房屋建筑面积亦称房屋展开面积，是房屋各层建筑面积的总和。房屋建筑面积包括使用面积、辅助面积和结构面积三部分。房屋建筑面积按房屋外墙（柱）勒脚以上各层的外围水平投影面积计算，还包括阳台、挑廊、地下室、室外楼梯等辅助设施的面积。测算建筑面积的房屋必须是结构牢固、有顶盖、层高≥2.2m 的永久性建筑。

（2）房屋的使用面积　房屋的使用面积系指房屋户内全部可供使用的净空面积，按房屋的内墙线水平投影计算。房屋使用面积是房屋各层平面中直接为生活和生产使用的净空面积，不包括房屋内的墙、柱等结构构造面积和保温层的面积。

（3）房屋的产权面积　房屋的产权面积系指产权主依法拥有房屋所有权的房屋建筑面积。房屋产权面积由直辖市、市、县房地产行政主管部门登记确权认定。

（4）房屋的共有建筑面积　房屋共有建筑面积系指各产权主共同占有或共同使用的建筑面积。

（5）面积的测算要求　各类面积测算必须独立测算两次，其较差应在规定的限差以内，取中数作为最后结果。量距应使用经检定合格的卷尺或其他能达到相应精度的仪器和工具。面积以平方米为单位，取至 $0.01\text{m}^2$。

2. 用地面积的测算

（1）房屋用地面积　房屋用地面积指房屋占用和使用的全部土地面积，包括房屋及其附属设施所占用的土地面积、院落用地面积和共用土地的分摊面积等全部使用面积。其中包括供休憩和满足生产或生活需要的空间面积，还包括出入专用的室外道路、绿化、停车场、院内空地及其围护物等的全部土地面积，但不包括下列面积：

1）无明确使用权属的冷巷、巷道或间隙地。

2）市政管辖的道路、街道、巷道等公共用地。

3）公共使用的河涌、水沟、排污沟。

4）已征用、划拨或者属于原房地产证记载范围，经规划部门核定需要作为市政建设的用地。

5）其他按规定不计入用地的面积。

（2）用地面积测算的方法　用地面积测算的范围以丘为单位进行测算，包括房屋占地面积、其他用途的土地面积测算，各项地类面积的测算。

用地面积测算可采用坐标解析计算、实地量距计算和图解计算等方法。

1）坐标解析法。

① 根据界址点坐标成果表上数据，按下式计算面积

$$S = \frac{1}{2} \sum_{i=1}^{n} X_i Y_{i+1} - Y_{i-1} \tag{7-1}$$

或
$$S = \frac{1}{2} \sum_{i=1}^{n} Y_i X_{i-1} - X_{i+1} \tag{7-2}$$

式中　$S$——面积，$m^2$；

　　　$X_i$——界址点的纵坐标，m；

　　　$Y_i$——界址点的横坐标，m；

　　　$n$——界址点个数；

　　　$i$——界址点序号，按顺时针方向顺编。

② 面积中误差按下式计算。

$$m_s = \pm m_j \sqrt{\frac{1}{8} \sum_{i=1}^{n} D_{i-1,i+1}^2} \tag{7-3}$$

式中　$m_s$——面积中误差，$m^2$；

　　　$m_j$——相应等级界址点规定的点位中误差，m；

　$D_{i-1,i+1}$——多边形中对角线长度，m。

2）实地量距法。

① 规则图形，可根据实地丈量的边长直接计算面积；不规则图形，将其分割成简单的几何图形，然后分别计算面积。

② 面积误差按房产面积精度要求的规定计算，其精度等级的使用范围，由各城市的房地产行政主管部门根据当地的实际情况决定。房产面积的精度分为三级，各级面积的限差和中误差不超过表 7-1 的规定。

表 7-1　房产面积的精度要求

| 房产面积的精度等级 | 限　　差 | 中　误　差 |
| --- | --- | --- |
| 一 | $0.02\sqrt{S}+0.0006S$ | $0.01\sqrt{S}+0.0003S$ |
| 二 | $0.04\sqrt{S}+0.002S$ | $0.02\sqrt{S}+0.001S$ |
| 三 | $0.08\sqrt{S}+0.006S$ | $0.04\sqrt{S}+0.003S$ |

注：$S$ 为房产面积，$m^2$。

3）图解法。

图解法图上量算面积，可选用求积仪法、几何图形法等方法。图上面积测算均应独立进行两次。两次量算面积较差不得超过下式规定

$$\Delta S = \pm 0.0003 M \sqrt{S} \tag{7-4}$$

式中　$\Delta S$——两次量面积较差，$m^2$；

　　　$S$——所量算面积，$m^2$；

　　　$M$——图的比例尺分母。

使用图解法量算面积时，图形面积不应小于 $5cm^2$。图上量距应量至 $0.2mm$。

### 六、场地平整中土方计算

在编制场地平整土方工程施工组织设计或施工方案、进行土方的平衡调配以及检查验收土方工程时，常需要进行土方工程量的计算。计算方法有方格网法和横断面法两种。

1. 方格网法

用于地形较平缓或台阶宽度较大的地段。计算方法较为复杂，但精度较高，其计算步骤和方法如下。

（1）划分方格网　根据已有地形图（一般用 1：500 的地形图）将欲计算场地划分成若干个方格网，尽量与测量的纵、横坐标网对应，方格一般采用 20m×20m 或 40m×40m，将相应设计标高和自然地面标高分别标注在方格点的右上角和右下角。将自然地面标高与设计地面标高的差值，即各角点的施工高度（挖或填），填在方格网的左上角，挖方为（−），填方为（+）。

（2）计算零点位置　在一个方格网内同时有填方或挖方时，应先算出方格网边上的零点的位置，并标注于方格网上（见图 7-12），连接零点即得填方区与挖方区的分界线（即零线）。

零点的位置按下式计算

$$\left.\begin{array}{l} x_1 = \dfrac{h_1}{h_1+h_2} \times a \\[2mm] x_2 = \dfrac{h_2}{h_1+h_2} \times a \end{array}\right\} \tag{7-5}$$

式中　$x_1$、$x_2$——角点至零点的距离，m；

　　　　$h_1$、$h_2$——相邻两角点的施工高度，m，均用绝对值；

　　　　$a$——方格网的边长，m。

为省略计算，亦可采用图解法直接求出零点位置，如图 7-13 所示，方法是用尺在各角上标出相应比例，用尺相接，与方格相交点即为零点位置。这种方法可避免计算（或查表）出现的错误。

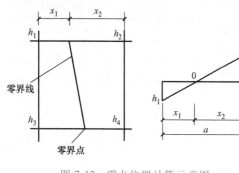

图 7-12　零点位置计算示意图

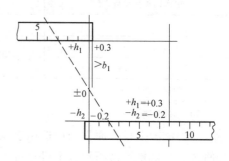

图 7-13　零点位置图解法

（3）计算土方工程量　按方格网底面积图形和计算公式（见表 7-2）计算每个方格内的挖方或填方量，或用查表法计算。

表 7-2　常用方格网点计算公式

| 项　目 | 图　式 | 计算公式 |
|---|---|---|
| 一点填方或挖方<br>（三角形） |  | $V = \dfrac{1}{2}bc\dfrac{\sum h}{3} = \dfrac{bch_3}{6}$<br><br>当 $b=c=a$ 时，$V = \dfrac{a^2 h_3}{6}$ |

（续）

| 项 目 | 图 式 | 计 算 公 式 |
|---|---|---|
| 二点填方或挖方（梯形） | 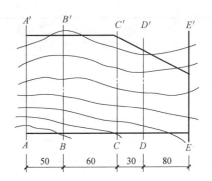 | $V_+ = \dfrac{d+e}{2}a\dfrac{\sum h}{4} = \dfrac{a}{8}(d+e)(h_2+h_4)$ $V_- = \dfrac{b+c}{2}a\dfrac{\sum h}{4} = \dfrac{a}{8}(b+c)(h_1+h_3)$ |
| 三点填方或挖方（五角形） | | $V = \left(a^2 - \dfrac{bc}{2}\right)\dfrac{\sum h}{5} = \left(a^2 - \dfrac{bc}{2}\right)\dfrac{h_1+h_2+h_4}{5}$ |
| 四点填方或挖方（正方形） | | $V = \dfrac{a^2}{4}\sum h = \dfrac{a^2}{4}(h_1+h_2+h_3+h_4)$ |

（4）计算土方总量 将挖方区（或填方区）所有方格计算土方量汇总，即得该场地挖方和填方的总土方量。

**2. 横截面法**

横截面法适用于地形起伏变化较大地区，或者地形狭长、挖填深度较大又不规则的地区采用，计算方法较为简单方便，但精度较低。其计算步骤和方法如下。

（1）划分横截面 根据地形图、竖向布置或现场测绘，将要计算的场地划分横截面 $AA'$、$BB'$、$CC''$……（见图7-14），使截面尽量垂直于等高线或主要建筑物的边长，各截面间的间距可以不等，一般可用 10m 或 20m，在平坦地区可用大些，但最大不大于 100m。

（2）画横截面图形 按比例绘制每个横截面的自然地面和设计地面的轮廓线。自然地面轮廓线与设计地面轮廓线之间的面积，即为挖方或填方的截面。

（3）计算横截面面积 按表7-3中所列横截面面积计算公式，计算每个截面的挖方或填方截面面积。

（4）计算土方量 根据横截面面积按下式计算土方量

$$V = \frac{A_1+A_2}{2}s \qquad (7-6)$$

式中　$V$——相邻两横截面间的土方量，$\mathrm{m}^3$；

　　$A_1$、$A_2$——相邻两横截面的挖（−）或填（+）的截面积，$\mathrm{m}^2$；

　　$s$——相邻两横截面的间距，m。

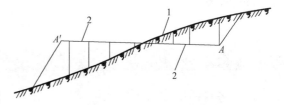

图7-14　画横截面示意图
1—自然地面　2—设计地面

表 7-3　常用截断面计算公式

| 横截面图式 | 截面积计算公式 |
|---|---|
| 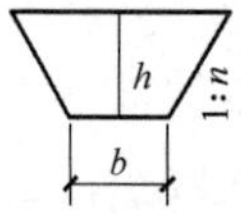 | $A = h(b + nb)$ |
| 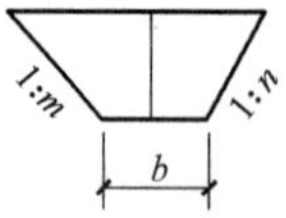 | $A = h\left[b + \dfrac{h(m+n)}{2}\right]$ |
| 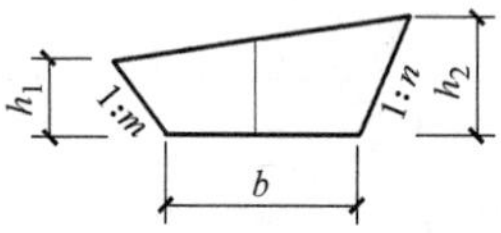 | $A = b\,\dfrac{h_1 + h_2}{2} + nh_1 h_2$ |
| 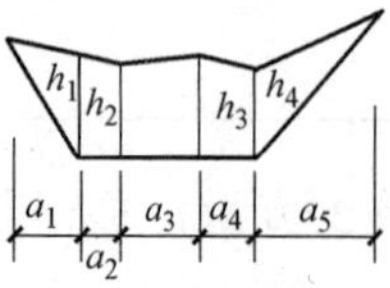 | $A = h_1\dfrac{a_1 + a_2}{2} + h_2\dfrac{a_2 + a_3}{2} + h_3\dfrac{a_3 + a_4}{2} + h_4\dfrac{a_4 + a_5}{2}$ |
| 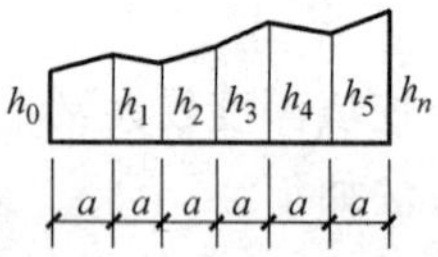 | $A = \dfrac{a}{2}(h_0 + 2h + h_n)$ <br> $h = h_1 + h_2 + h_3 + h_4 + h_5$ |

（5）土方量汇总　按表 7-4 格式汇总全部土方量。

表 7-4　土方量汇总表

| 截面 | 填方面积 /m² | 挖方面积 /m² | 截面间距 /m | 填方体积 /m³ | 挖方体积 /m³ |
|---|---|---|---|---|---|
| A-A' | | | | | |
| B-B' | | | | | |
| C-C' | | | | | |
| 合计 | | | | | |

## 技能训练

## 任务一　全站仪草图法数字测图

### 1. 任务目的

1）了解数字化习性图测绘的实施方法与步骤。

2）掌握电子仪器测量数据收集并成图的相关技术要求。

**2. 训练要求**

能正确使用测量仪器，懂得测量工作程序，测量工作方法，能使用南方 cass 绘图软件进行辅助，绘制比例为 1∶500 地形图（数字地形测量），精度符合相应的国家技术规范的要求。

**3. 测区范围**

现拟定在校内进行小范围的数字化地形测量外业，根据给定的校园平面图等图纸，并根据实际情况划区测绘。

临时设置一个已知点做起算点，位于学校正大门后小广场，以此为 1 区，设置行政办公楼、报告厅为 2 区，教学楼区为 3 区，图书馆、活动中心为 4 区，操场为 5 区，车间实训区为 6 区，食堂后勤区为 7 区，学生宿舍楼为 8 区，教师生活区为 9 区等区间进行测绘，最后进行整合。

**4. 任务准备**

（1）准备工作　需准备全站仪，南方 cass 9.0 成图软件，三脚架，皮尺，钢尺，单棱镜，棱镜对中杆，油漆，木桩，道钉，水泥钉，铁锤，笔，纸，夹板等相关仪器与工具。

（2）分组测绘　4 人为一组，2 人安设仪器，1 人观测 1 人记录，4 人工作每至一站进行轮换。

（3）图根控制　本测区测量范围内大部分为教学楼、行政楼、学生宿舍、教工宿舍，图根控制主要以闭合导线的形式加密图根导线。

**5. 任务实施**

全站仪草图法数字测图的分工是 1 人操作全站仪，1 人绘制草图，1 人立尺，1 人为联络员。

1）执行全站仪菜单模式下的"数据采集"命令测量并存储碎部点的坐标，坐标文件名可以使用"组号-测站名-序号"的规则命名，如"10-N3-2"的意义是第 10 组在 N3 点观测的第 2 个坐标数据文件。碎部点的命名规则为"测站名-序号"，例如"N3-16"为在 N3 设站观测的第 16 号碎部点名。

2）草图绘制在指定表格中，绘制的每个点均应注明点号，为保证绘制的碎部点点号与全站仪坐标数据文件中记录的碎部点点号一致，每测量 10 个碎部点，草图员应与观测员对一次点号。

3）完成一天的野外坐标采集返回后，应将当天测量的坐标文件下传到全站仪通信软件中，将其转换为 cass 坐标数据格式存盘，在 cass 中展绘坐标数据文件中的点号，草图员应对照野外绘制的草图，操作 cass 绘制地物或地貌，当天测绘的数据应在当天晚上完成绘图工作。对存在问题的碎部点，应在第二天观测时重新测量。

4）量角器配合经纬仪视距测量法进行碎部测量。在测站安置 $DJ_6$ 级经纬仪，量取仪器高，盘左瞄准后视点定向，将水平度盘读数配置为 0°00′。瞄准另一个控制点，将其作为碎部点进行观测并展点，其与图已展绘控制点的水平距离之差应小于或等于 ±0.3mm，否则应重新观测并检查展点是否有误。

5）每个碎部点的观测与记录数据为上丝读数、下丝读数、水平盘读数与竖盘读数 4个，记录在表。组员分工是 1 人操作经纬仪，1 人操作编程计算器记录计算，1 人展绘碎部点，1 人立尺。

6）内业数据处理及图形编辑，并出图。

6. 训练成果

1）图根控制点原始观测资料。

2）控制点成果表。

3）cass 9.0 所成地形图。

4）地形图结合表。

5）检查记录。

6）其他要求提交的资料。

## 任务二 平板仪测绘房产图

1. 任务目的

1）了解平板仪测绘外业实施方法与步骤。

2）掌握控制测量、图根测量和界址点测量的观测、记录和计算方法。

3）掌握平板仪的仪器使用技能。

2. 任务准备

1）技术准备：学习教材相关内容，以某综合楼为例，使用平板仪、皮尺等工具测量并绘出其房产图。

2）仪器工具准备：平板仪，皮尺，半圆仪，粉笔，钉子，铅笔，橡皮，比例尺，铁锤，记录表，纸，笔，立杆等相关测绘工具。

3. 任务实施

在某综合楼的外侧根据需要设置相应的控制点并做好相应的标记，架设好仪器，调整坐标与高程。分组进行工作，4 人为一组，2 人安设仪器，1 人观测，1 人记录。4 人工作每至一站进行轮换。

1）立上三脚架，将平板固定，把图纸也固定在平板上。

2）将平板仪的一边靠在两个控制点上，瞄准地面上的点，然后进行对中整平（见图7-15a、b）。

3）整平后进行测绘。量出控制点到某地物的距离并且紧靠建筑物立标杆，通过平板仪瞄准标杆则确定了这个方向。根据比例尺换算成图上距离，将地物地貌画在图上。

4）将所有坐标范围内的地物地貌全都画在图上，并用规定符号表示。

4. 测绘步骤

1）测图前先准备好图纸，将图纸固定在图板上，按本图幅西南角坐标值在图上标出各坐标格网线的坐标，并展绘控制点。

2）在图纸上找出测站位置，确定方向线，用小针将半圆仪圆孔中心钉在该测站点。标尺员按一定路线选择地形特征点并竖立视距尺，观测员瞄准标尺读出视距、中丝读数、水平度盘读数和竖盘读数。距离测量时，比较近的距离直接用皮尺量取水平距离。记录员算出水平距离、高程并报告给绘图员。绘图员根据数据绘出碎部点位置。

3）及时将所测碎部点，连接绘成地物，勾绘等高线。对照实地进行检查。

4）按地形图图式的要求，描绘地物和地貌，并进行图面整饰、清洁。

5. 技术要求

1）测站点点位精度相对于邻近控制点的点位中误差不超过图上数值的±0.3mm。

2）当现有控制不能满足平板测图控制时，可布设图根控制。图根控制点相对于起算点的点位中误差不超过图上数值的±0.1mm。

3）采用图解交会法测定测站点时，前、侧方交会不少于三个方向，交会角不小于30°或大于150°，前、侧方交会的示误三角形内切圆直径应小于图上数值的0.4mm。

4）平板仪对中偏差不超过图上数值的0.05mm。

5）平板仪测图时，测图板的定向线长度不小于图上数值的6cm，并用另一点进行检校，检校偏差不超过图上数值的0.3mm。

6）地物点测定，其距离一般实量。使用皮尺丈量时，最大长度1:500测图不超过50m，1:1000测图不超过75m，采用测距仪时，可放长。

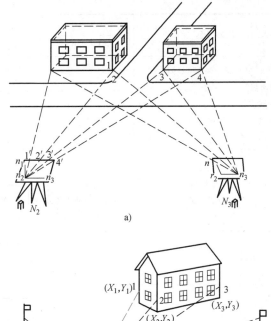

a)

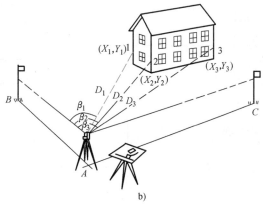

b)

图 7-15  平板仪图解交会法测绘

7）原图的清绘整饰根据需要和条件可采用着色法、刻绘法。各种注记应正确无误，位置恰当，不压盖重要地物。着色线条应均匀光滑，色浓饱满；刻绘线应边缘平滑、光洁透亮，线划粗细、符号大小，应符合规格和复制的要求。

6. 成图

利用极坐标法描点成图，部分数据用皮尺测得。通过查工具书，使用标准图例及表示方法。

7. 训练成果

1）控制点原始观测资料。

2）控制点成果表。

3）测绘所成房产图。

4）检查记录。

5）其他要求提交的资料。

## 知识拓展

常用房产图图式

常用房产图图式见表7-5。

表 7-5　常用房产图图式

| 符号名称 | 符号式样 | | | 符号细部图 |
|---|---|---|---|---|
| | 1 : 500 | 1 : 1000 | 1 : 2000 | |
| 单幢房屋<br>a. 一般房屋<br>b. 有地下室的房屋<br>c. 突出房屋<br>d. 简易房屋<br>　混、钢——房屋结构<br>　1、3、28——房屋层数<br>　-2——地下房屋层数 | a 混1　　b 混3-2<br>　　　　　　　0.5<br>　　　　　2.0　1.0<br><br>c 钢28　　d 简 | | 3<br><br>　　　　　　1.0<br>c 28 | |
| 建筑中房屋 | | 建 | | |
| 棚房<br>a. 四边有墙的<br>b. 一边有墙的<br>c. 无墙的 | | a ⌐1.0<br>b ⌐1.0<br>c ⌐1.0<br>1.0　0.5 | | |
| 破坏房屋 | | 破<br>2.0　1.0 | | |
| 架空房<br>3、4——楼层<br>/1、/2、——空层层数 | 混凝土4 混凝土3/1<br>2.5 0.5 | 混凝土4　4　3/2　4<br>2.5 0.5 | | |
| 廊房<br>a. 廊房<br>b. 票楼 | a 混3<br>2.5 0.5　1.0 | b 混3<br>　　2.5<br>　　0.5 | | |
| 学校 | | | 2.5 文 | 0.5<br>0.4<br>R6<br>0.4 文 |
| 医疗点 | | | 2.8 ✚ | 2.2 ✚ 0.8<br>2.2 |

（续）

| 符号名称 | 符 号 式 样 | | | 符号细部图 |
|---|---|---|---|---|
| | 1：500 | 1：1000 | 1：2000 | |
| 体育馆、科技馆、博物馆、展览馆 | 混凝土5科 ::0.6 | | | |
| 宾馆、饭店 | 混凝土5 H | | | 0.7 0.3 2.8 H ::0.4 1.4 |
| 商场、超市 | 混凝土4 M | | | 0.5 0.5 3.0 M ::0.4 ::0.4 0.3 |
| 剧院、电影院 | 混凝土2 | | | 1.1 2.2 2.8 ::1.1 |
| 露天体育场、网球场、运动场、球场<br>a. 有看台的<br>　a1. 主席台<br>　a2. 门洞<br>b. 无看台的 | a2 45° a 工人体育场 ::1.0 a1<br>b 体育场　　　　球 | | | |
| 露天舞台、观礼台 | 台 | | | |
| 游泳场（池） | 泳　　　泳 | | | |
| 电视台 | 混凝土5 TV<br>3.6 TV | | | 2.6 0.3 2.0 TV 1.3 |
| 邮局 | 混凝土5 邮 | | | 1.2 0.8 2.4 邮 ::0.8 ::0.8 0.4 |
| 电视发射塔<br>　23——塔高 | 23 | | | 2.8 2.4 1.0 3.0 1.0 |

（续）

| 符号名称 | 符号式样 | | | 符号细部图 |
|---|---|---|---|---|
| | 1：500 | 1：1000 | 1：2000 | |
| 移动通信塔、微波传送塔、无线电杆<br>　a. 在建筑物上<br>　b. 依比例尺的<br>　c. 不依比例尺的 | a　混凝土5　通信 | b | c | 0.6　60°<br>3.0　1.0<br>1.0 |
| 厕所 | 厕 | | | |
| 垃圾场 | 垃圾场 | | | |
| 坟地、公墓 | a | b 1.6⊥ | | |
| 古迹、遗址<br>　a. 古迹<br>　b. 遗址 | a　混 | b　秦阿房宫遗址 | | 3.2 1.6 |
| 钟楼、鼓楼、城楼、古关塞<br>　a. 依比例尺的<br>　b. 不依比例尺的 | a | b 2.4 | | 2.4　2.4<br>1.3<br>1.3 |
| 庙宇 | 混 | | | 0.4<br>3.2　1.2<br>1.6<br>1.6 |
| 清真寺 | 混 | | | R0.7<br>0.3　1.6<br>1.6 |
| 教堂 | 混 | | | 1.6<br>1.6 |
| 围墙<br>　a. 依比例尺的<br>　b. 不以比例尺的 | a<br>10.0　0.5<br>b<br>10.0　0.5 | | 0.3 | |

（续）

| 符号名称 | 符 号 式 样 | | | 符号细部图 |
|---|---|---|---|---|
| | 1：500 | 1：1000 | 1：2000 | |
| 栅栏、栏杆 | | 10.0　　　　1.0 | | |
| 地下建筑物出口<br>a. 地铁站出入口<br>　a1. 依比例尺的<br>　a2. 不依比例尺的<br>b. 建筑物出入口<br>　b1. 出入口标识<br>　b2. 敞开式的<br>　　b2.1 有台阶的<br>　　b2.2 无台阶的<br>　b3. 有雨篷的<br>　b4. 屋式的<br>　b5. 不依比例尺的 | a　a1　Ⓓ<br>b　b1 ∨　b2<br>b3 ∨　b4 砖∧ | a2　Ⓓ<br>b2.1<br>b2.2<br>b5<br>2.5 1.8 ∨ | | a2<br>1.8　Ⓓ　3.0<br>0.2<br>1.4<br>b1 2.5 1.8 ∨ 1.2 |
| 柱廊<br>a. 无墙壁的<br>b. 一边有墙壁的 | a　　　：1.0<br>0.5　　1.0<br>b | | | |
| 门顶、雨罩<br>a. 门顶<br>b. 雨罩 | a　　　　b<br>1.0　0.5 | 混5<br>雨　：1.0<br>1.0　0.5 | | |
| 阳台 | 砖5<br>2.0　　　1.0 | | | |
| 檐廊、挑廊<br>a. 檐廊<br>b. 挑廊 | a　混凝土4<br>1.0　0.5 | b　混凝土4<br>2.0　1.0 | | |
| 悬空通廊 | 混凝土4　　混凝土4 | | | |
| 门洞、下跨道 | 砖<br>5 | | | 1.0<br>1.0<br>2.0 |

（续）

| 符号名称 | 符号 式 样 | | | 符号细部图 |
|---|---|---|---|---|
| | 1：500 | 1：1000 | 1：2000 | |
| 台阶 | | | | |
| 室外楼梯<br>a. 上楼方向 | 混凝土8 | | | |
| 院门<br>a. 围墙门<br>b. 有门房的 | a<br>b | | | |
| 门墩 | a<br>b | | | |
| 路灯 | | | | |
| 宣传橱窗、广告牌<br>a. 双柱或多柱的<br>b. 单柱的 | a<br>b | | | |
| 喷水池 | | | | |
| 标准轨铁路<br>a. 一般的<br>b. 电气化的<br>　b1. 电杆<br>c. 建筑中的 | a<br>b<br>b1<br>c | | a<br>b<br>b1<br>c | |

（续）

| 符号名称 | 符号式样 | | | 符号细部图 |
|---|---|---|---|---|
| | 1：500 | 1：1000 | 1：2000 | |
| 地铁<br>a. 地面上的<br>b. 地面下的 | | | | |
| 高速公路<br>a. 临时停车点<br>b. 隔离带<br>c. 建筑中的 | | | | |
| 快速路 | | | | |
| 街道<br>a. 主干路<br>b. 次干路<br>c. 支路 | | | | |
| 内部道路 | | | | |
| 乡村路<br>a. 依比例尺的<br>b. 不依比例尺的 | | | | |
| 小路、栈道 | | | | |
| 停车场 | | | | |

（续）

| 符号名称 | 符号式样 | | | 符号细部图 |
|---|---|---|---|---|
| | 1：500 | 1：1000 | 1：2000 | |
| 加油站、加气站<br>油——加油站 | | 油 | | 3.6 ⊙ 1.6<br>1.0 |
| 立交桥、匝道<br>a. 匝道 | | a | | |
| 过街天桥、地下通道<br>a. 天桥<br>b. 地道 | a | b | | |

## 项目评价

本项目的评价方法、评价内容和评价依据见表 7-6。

表 7-6　项目评价（七）

| 评价方法 | | |
|---|---|---|
| 采用多元评价法，教师点评、学生自评、互评相结合。观察学生参与、聆听、沟通表达自己看法、投入程度、完成任务情况等方面 | | |
| 评价内容 | 评价依据 | 权重 |
| 知识 | 1. 理解房产分幅图、分层分户图<br>2. 能说出场地平整测量的步骤<br>3. 能解释各方格顶点的填挖深度 | 40% |
| 技能 | 1. 能用平板仪绘制房产图<br>2. 初步会计算填、挖土方 | 40% |
| 学习态度 | 1. 是否出勤、预习<br>2. 是否遵守安全纪律，认真倾听教师讲述、观察教师演示<br>3. 是否按时完成学习任务 | 20% |

## 复习巩固

### 一、单项选择题

1. 对房屋定位的基础描述是（　　　）。

A. 房产分区　　　　　B. 房产区　　　　　C. 丘　　　　　　　D. 房产坐落

2. 房产测量的核心是（　　　）。

A. 权属界址　　　　　B. 产权面积　　　　　C. 权属来源　　　　D. 测绘精度

3. 房屋测量主要包括（　　　）。

A. 控制测量　　　　　B. 碎部测量　　　　　C. 面积测量　　　　D. 外业踏勘

4. 房地产存在的自然形态主要有（　　　）。

A. 权属界址　　　　　B. 土地　　　　　　　C. 建筑物　　　　　D. 权属权利

5. （　　　）是指在一个城市或一个地域内，大范围、整体地建立房产的平面控制网，测绘房产的基础图纸——房产分幅平面图。

A. 房产基础测绘　　　B. 房产项目测绘　　　C. 房产数据测绘　　D. 房产面积测绘

6. （　　　）是用测量手段测定地面上局部区域内的土地、建筑物及构筑物已有点位，获得反映现状的图或图形信息。

A. 房地产测定　　　　B. 房地产测绘　　　　C. 地籍测量　　　　D. 地籍测定

7. 城市基本地形图的复测周期一般是（　　　）年。

A. 3～5　　　　　　　B. 5～10　　　　　　　C. 5～15　　　　　　D. 10～15

8. 对房地产测绘产品实行（　　　）制度。

A. 二级检查一级验收制　　　　　　　　　B. 一级检查一级验收制

C. 二级检查二级验收制　　　　　　　　　D. 一级检查二级验收制

9. 房产丘的编号分为几级编号（　　　）。

A. 六级　　　　　　　B. 五级　　　　　　　C. 四级　　　　　　D. 三级

10. 房产栋的编号是以（　　　）为单位进行编号的。

A. 丘　　　　　　　　B. 宗地　　　　　　　C. 地块　　　　　　D. 图斑

### 二、判断题

1. 房产测量中以两倍中误差作为评定精度的标准，以中误差作为限差。（　　　）

2. 丘有独立丘和组合丘之分，一个地块只属于一个产权单元时称为组合丘。（　　　）

3. 房产分丘图是房产分幅图的局部明细图也是绘制房产权证附图的基本图。（　　　）

4. 房产分户图是在分丘图的基础上进一步绘制的明细图，以某房屋的具体权属为单元。

（　　　）

5. 建筑物密集地区的分幅图一般采用 1∶1000 比例尺，其他区域的分幅图可以采用 1∶500的比例尺。（　　　）

6. 房产分户图的比例尺一般为 1∶200。（　　　）

7. 房产分丘图的绘制范围包括城市、县城、建制镇的建成区和建成区以外的工矿企事业等单位及毗连居民点。（　　　）

8. 房地产面积测算系指水平面积测算，包括房屋面积测算和土地面积测算。　　（　　）

9. 房屋产权登记面积是指由房产测绘单位测算，标注在房屋权属证书上，记入房屋权属档案的房屋的建筑面积。　　（　　）

10. 独立柱、单排柱的门廊、车棚、货棚等属永久性建筑的，按其上盖水平投影面积的一半计算。　　（　　）

## 三、名词解释

1. 房屋建筑面积
2. 共有建筑面积
3. 建筑容积率
4. 丘
5. 房产界址点

## 四、简答题

1. 什么是房产测量？
2. 如何划分建筑区划面积？
3. 共有共用面积分摊的基本原则是什么？
4. 简述丘的概念和分类，以及如何确定丘的界限。
5. 简述房地产测量在测绘内容上与地形测量的差别。

# 项目八

# 建筑物变形观测

## 项目导入

1. 监测结构的沉降状况，保证结构的安全。

2. 通过沉降监测，可采取对应措施，控制沉降的发展，保证结构工程质量。

3. 根据实测的沉降监测数据，利用数学方法对后期沉降速率、总沉降量，以及工后沉降值进行计算分析，确保路基沉降得到有效的控制的必须环节。

4. 预测预压时间：根据拟合曲线计算出满足工后沉降的时间，预测还需预压的时间，指导下一步施工计划的安排。

5. 过程控制：根据沉降监测数据，进行控制填土速率，及时评价地基加固措施的有效方法。

6. 通过实测沉降量，预测沉降量并验证设计合理性，进行设计的再优化，控制和保证工程的建设量。

7. 保证主要结构基本处于弹性受力状态，对钢筋混凝土结构要避免混凝土墙或柱出现裂缝；将混凝土梁等楼面构件的裂缝数量、宽度限制在规范允许范围之内。

## 相关知识

随着高层建筑的增高和荷载的增加，地基在基础和上部结构的共同作用下，建筑物发生不均匀沉降，轻者将产生倾斜和裂缝，影响正常使用，重者将危机建筑物内的安全。因此建筑物稳定性和可靠性已成为人们关注的焦点。为确保这类建筑物的安全使用，需要进行长期的精密变形监测，以确定其变形状态，建筑物变形监测内容一般有垂直位移观测、水平位移观测和倾斜观测。

### 一、建筑物沉降观测

（1）建筑物沉降观测内容　建筑物沉降观测应测定建筑物地基的沉降量、沉降差及沉降速度并计算基础倾斜、局部倾斜、相对弯曲及构件倾斜。

（2）沉降观测点的布置　沉降观测点的布置，应以能全面反映建筑物地基变形特征并结合地质情况及建筑结构特点确定。点位宜选设在下列位置：

1）建筑物的四角、大转角处及沿外墙每 10~15m 处或每隔 2~3 根柱基上。

2）高低层建筑物、新旧建筑物、纵横墙等交接处的两侧。

3）建筑物裂缝和沉降缝两侧、基础埋深相差悬殊处、人工地基与天然地基接壤处、不同结构的分界处及填挖方分界处。

4）宽度大于等于 15m 或小于 15m 而地质复杂，以及膨胀土地区的建筑物，在承重内隔墙中部设内墙点，在室内地面中心及四周设地面点。

5）邻近堆置重物处、受震动有显著影响的部位及基础下的暗浜（沟）处。

6）框架结构建筑物的每个或部分柱基上或沿纵横轴线设点。

7）片筏基础、箱形基础底板或接近基础的结构部分之四角处及其中部位置。

8）重型设备基础和动力设备基础的四角、基础形式或埋深改变处，以及地质条件变化处两侧。

9）电视塔、烟囱、水塔、油罐、炼油塔、高炉等高耸建筑物，沿周边在与基础轴线相交的位置上布点，点数不少于 4 个。

（3）沉降观测的标志 沉降观测的标志，可根据不同的建筑结构类型和建筑材料，采用墙（柱）标志、基础标志和隐蔽式标志（用于宾馆等高级建筑物）等形式。各类标志的立尺部位应加工成半球形或有明显的突出点，并涂上防腐剂。标志的埋设位置应避开如雨水管、窗台线、暖气片、暖水管、电气开关等有碍设标与观测的障碍物，并应视立尺需要离开墙（柱）面和地面一定距离。

（4）沉降观测点的施测精度 沉降观测点的施测精度，应按有关规定确定。未包括在水准线路上的观测点，应以所选定的测站高差中误差作为精度要求施测。

（5）沉降观测的周期和观测时间 沉降观测的周期和观测时间，可按下列要求并结合具体情况确定。

1）建筑物施工阶段的观测，应随施工进度及时进行。一般建筑，可在基础完工后或地下室砌完后开始观测，大型、高层建筑，可在基础垫层或基础底部完成后开始观测。观测次数与间隔时间应视地基与加荷情况而定，如图 8-1 所示。民用建筑可每加高 1~5 层观测一次；工业建筑可按不同施工阶段（如回填基坑、安装柱子和屋架、砌筑墙体、设备安装等）分别进行观测。如建筑物均匀增高，应至少在增加荷载的 25%、50%、75% 和 100% 时各测一次。施工过程中如暂时停工，在停工时及重新开工时应各观测一次。停工期间，可每隔

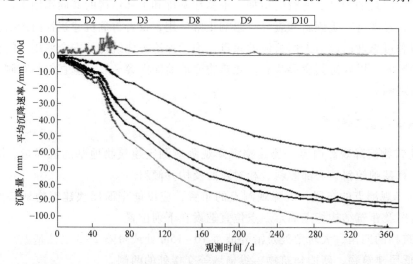

图 8-1 多点沉降折线图

2~3个月观测一次。

2）建筑物使用阶段的观测次数，应视地基土类型和沉降速度大小而定。除有特殊要求者外，一般情况下，可在第一年观测3~4次，第二年观测2~3次，第三年后每年1次，直至稳定为止。观测期限一般不少于如下规定：砂土地基2年，膨胀土地基3年，黏土地基5年，软土地基10年。

3）在观测过程中，如有基础附近地面荷载突然增减、基础四周大量积水、长时间连续降雨等情况，均应及时增加观测次数。当建筑物突然发生大量沉降、不均匀沉降或严重裂缝时（见图8-2），应立即进行逐日或几天一次的连续观测。

图 8-2　沉降缝

4）沉降是否进入稳定阶段，应由沉降量与时间关系曲线判定。对重点观测和科研观测工程若最后3个周期观测中每周期沉降量不大于 $2\sqrt{2}$ 倍测量中误差可认为已进入稳定阶段。一般观测工程，若沉降速度小于 0.01mm/d，可认为已进入稳定阶段，具体取值宜根据各地区地基土的压缩性确定。

（6）沉降观测点的观测要求　沉降观测点的观测方法和技术要求除按有关规定执行外应符合下列规定：

1）对二级、三级观测点，除建筑物转角点、交接点、分界点等主要变形特征点外，可允许使用间视法进行观测，但视线长度不得大于相应等级规定的长度。

2）观测时，仪器应避免安置在有空压机、搅拌机、卷扬机等振动影响的范围内，塔式起重机等施工机械附近也不宜设站。

3）每次观测应记载施工进度、增加荷载量、仓库进货吨位、建筑物倾斜裂缝等各种影响沉降变化和异常的情况。

（7）变形特征值　每周期观测后，应及时对观测资料进行整理，计算观测点的沉降量、沉降差及本周期平均沉降量和沉降速度。如需要可按下列公式计算变形特征值。

1）基础或构件倾斜度 $\alpha$

$$\alpha = (S_A - S_B)/L \tag{8-1}$$

式中　$S_A$——基础或构件倾斜方向上点 A 的沉降量，mm；

$S_B$——基础或构件倾斜方向上点 $B$ 的沉降量，mm；

$L$——$A$、$B$ 两点间的距离，mm。

2）基础或构件局部倾斜 $\alpha$ 仍可按 $(S_A-S_B)/L$ 式计算。此时取砌体承重结构沿纵墙 6～10m 内基础上两观测点 $(A，B)$ 的沉降量为 $S_A$、$S_B$，两点 $(A、B)$ 间的距离为 $L$。

3）基础相对弯曲 $f_c$

$$f_c = [\, 2S_0-(S_1+S_2)\,]/L \tag{8-2}$$

式中　$S_0$——基础中点的沉降量，mm；

$L$——基础两个端点间的距离，mm。

## 二、建筑物水平位移观测

（1）建筑物水平位移观测内容　建筑物水平位移观测包括位于特殊性土地区的建筑物地基基础水平位移观测、受高层建筑基础施工影响的建筑物及工程设施水平位移观测，以及挡土墙、大面积堆载等工程中所需的地基土深层侧向位移观测等，应测定在规定平面位置上随时间变化的位移量和位移速度。

（2）水平位移观测点位的选设要求

1）观测点的位置，对建筑物应选在墙角、柱基及裂缝两边等处；地下管线应选在端点、转角点及必要的中间部位；护坡工程应按待测坡面成排布点；测定深层侧向位移的点位与数量，应按工程需要确定。

2）控制点应根据观测点分布。

（3）水平位移观测点的标志、标石设置要求

1）建筑物上的观测点，可采用墙上或基础标志；土体上的观测点，可采用混凝土标志；地下管线的观测点，应采用窨井式标志。各种标志的形式及埋设，应根据点位条件和观测要求设计确定。

2）控制点的标石、标志，应按规定采用。对于如膨胀土等特殊性土地区的固定基点，亦可采用深埋钻孔桩标石，但须用套管桩与周围土体隔开。

（4）水平位移观测的精度　水平位移观测的精度可根据《建筑变形测量规范》有关规定经估算后确定。

（5）水平位移观测选用的方法　水平位移观测可根据需要与现场条件选用下列方法。

1）测量地面观测点在特定方向的位移时，可选用下列几种基准线法。

① 视准线法。包括小角法和活动觇牌法。小角法：基准线应按平行于待测的建筑物边线布置；角度观测的精度和测回数，应按要求的偏差值观测中误差估算确定；距离可按 1/2000 的精度量测。活动觇牌法：基准线离开观测点的距离不应超过活动觇牌读数尺的读数范围；在基准线一端安置经纬仪或视准仪，瞄准安置在另一端的固定觇牌进行定向，待活动觇牌的照准标志正好移至方向线上时读数；每个观测点，应按确定的测回数进行往测与返测。

② 激光准直法。点位布设与活动觇牌法的要求相同。根据测定偏差值的方法不同，可采用激光经纬仪准直法或衍射式激光准直系统。激光经纬仪准直法：当要求具有 $10^{-5}$～$10^{-4}$ 量级准直精度时，可采用 $DJ_2$ 型仪器配置氦-氖激光器的激光经纬仪及光电探测器或目测有机玻璃方格网板；当要求达 $10^{-6}$ 量级精度时，可采用 $DJ_1$ 型仪器配置高稳定性氦-氖激光器

的激光经纬仪及高精度光电探测系统。衍射式激光准直系统：用于较长距离（如1000m之内）的高精度准直，可采用三点式激光衍射准直系统或衍射频谱成像及投影成像激光准直系统；对短距离（如数十米）的高精度准直，可采用衍射式激光准直仪（见图8-3）或连续成像衍射板准直仪。

激光仪器在使用前必须进行检校，使仪器射出的激光束轴线、发射系统轴线和望远镜照准轴三者重合（共轴），并使观测目标与最小激光斑重合（共焦）。

③ 测边角法主要用于地下管线的观测。对主要观测点，可以该点为测站测出对应基准线端点的边长与角度，求得偏差值。对其他观测点，可选适宜的主要观测点为测站，测出对应其他观测点的距离与方向值，按坐标法求得偏差值。角度观测测回数与长度的丈量精度要求，应根据要求的偏差值观测中误差确定。

④ 采用基准线法测定绝对位移时，应在基准线两端各自向外的延长线上，埋设基准点或

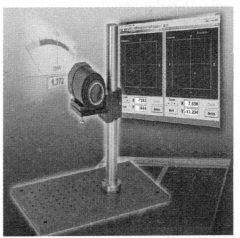

图 8-3 衍射式激光准直仪

按检核方向线法埋设4~5个检核点。在观测成果的处理中，应根据基准点或稳定的检核点用视准线法观测基准线端点的偏差改正。

2）测量观测点任意方向位移时，可视观测点的分布情况，采用前方交会法或方向差交会法、导线测量法或近景摄影测量等方法。单个建筑物亦可采用直接量测位移分量的方向线法，在建筑物纵、横轴线的相邻延长线上设置固定方向线，定期测出基础的纵向位移和横向位移。

3）对于观测内容较多的大测区或观测点远离稳定地区的测区，宜采用测角、测边、边角及GPS与基准线法相结合的综合测量方法。

4）测量土体内部侧向位移，可采用下列的测斜仪观测方法。

① 测斜仪宜采用能在土层中连续进行多点测量的滑动式仪器。仪器包括测头、接收指示器、连接电缆和测斜导管等四部分。测头可选用伺服加速度计式或电阻应变计式；接收指示器应与测头配套；电缆应有距离标记，使用时在测头重力作用下不应有伸长现象；导管的模量既要与土体模量接近，又不致因土压力而压偏导管，导槽须具高成型精度。

② 在观测点上埋设导管之前，应按预定埋设深度配好所需导管和钻孔。连接导槽时应对准导槽，使之保持在一直线上。管底端应装底盖，每个接头及底盖处应密封。将导管吊入孔内时，应使"十"字形槽口对准观测的水平位移方向。埋好管后，需停留一段时间，使导管与土体固连为一整体。

③ 观测时，可由管底开始向上提升测头至待测位置，或沿导槽全长每隔500mm（轮距）测读一次，测完后，将测头旋转180°再测一次。两次观测位置（深度）应一致，合起来作为一测回。每周期观测可测两测回，每个测斜导管的初测值，应测4测回，观测成果均取中数值。

（6）水平位移观测的周期 水平位移观测的周期，对于不良地基土地区的观测，可与

一并进行的沉降观测协调考虑确定；对于受基础施工影响的有关观测，应按施工进度的需要确定，可逐日或隔数日观测一次，直至施工结束；对于土体内部侧向位移观测，应视变形情况和工程进展而定。

### 三、建筑物主体倾斜观测

（1）建筑物主体倾斜观测测定内容　建筑物主体倾斜观测，应测定建筑物顶部相对于底部或各层间上层相对于下层的水平位移与高差，分别计算整体或分层的倾斜度、倾斜方向及倾斜速度。对具有刚性建筑物的整体倾斜，亦可通过测量顶面或基础的相对沉降间接确定。

（2）主体倾斜观测点位的布设要求

1）观测点应沿对应测站点的某主体竖直线，对整体倾斜按顶部、底部对应布设，对分层倾斜按分层部位、底部上下对应布设。

2）当从建筑物外部观测时，测站点或工作基点的点位应选在与照准目标中心连线呈接近正交或呈等分角的方向线上、距照准目标 1.5~2.0 倍目标高度的固定位置处；当利用建筑物内竖向通道观测时，可将通道底部中心点作为测站点。

3）按纵横轴线或前方交会布设的测站点，每点应选设 1~2 个定向点。基线端点的选设应顾及其测距或丈量的要求。

（3）主体倾斜观测点位的标志设置要求

1）建筑物顶部和墙体上的观测点标志，可采用埋入式照准标志形式。有特殊要求时，应专门设计。

2）不便埋设标志的塔形、圆形建筑物及竖直构件，可以照准视线所切同高边缘认定的位置或用高度角控制的位置作为观测点位。

3）位于地面的测站点和定向点，可根据不同的观测要求，采用带有强制对中设备的观测墩或混凝土标石。

4）对于一次性倾斜观测项目，观测点标志可采用标记形式或直接利用符合位置与照准要求的建筑物特征部位；测站点可采用小标石或临时性标志。

（4）主体倾斜观测的精度　主体倾斜观测的精度，可根据给定的倾斜量容许值确定。

（5）主体倾斜观测的方法　主体倾斜观测可根据不同的观测条件与要求，选用下列方法。

1）从建筑物或构件的外部观测时，宜选用下列经纬仪观测法。

① 投点法。观测时，应在底部观测点位置安置量测设施（如水平读数尺等）。在每测站安置经纬仪投影时，应按正倒镜法以所测每对上下观测点标志间的水平位移分量，按矢量相加法求得水平位移值（倾斜量）和位移方向（倾斜方向）。

② 测水平角法。对塔形、圆形建筑物或构件，每测站的观测，应以定向点作为零方向，以所测各观测点的方向值和至底部中心的距离，计算顶部中心相对底部中心的水平位移分量。对矩形建筑物，可在每测站直接观测顶部观测点与底部观测点之间的夹角或上层观测点与下层观测点之间的夹角，以所测角值与距离值计算整体的或分层的水平位移分量和位移方向。

③ 前方交会法。所选基线应与观测点组成最佳构形，交会角宜在 60°~120° 之间。亦可采用按每周期计算观测点坐标值，再以坐标差计算水平位移的方法。

2）当利用建筑物或构件的顶部与底部之间一定竖向通视条件进行观测时，宜选用下列铅锤观测方法。

① 吊锤球法。在顶部或需要的高度处观测点位置上，直接或支出一点悬挂适当重量的锤球，在垂线下的底部固定读数设备（如毫米格网读数板），直接读取或量出上部观测点相对底部观测点的水平位移量和位移方向。

② 激光垂准仪观测法。在顶部适当位置安置接收靶，在其垂线下的地面或地板上安置激光垂准仪或激光经纬仪，按一定周期观测，在接收靶上直接读取或量出顶部的水平位移量和位移方向。作业中仪器应严格置平、对中。

③ 激光位移计自动测记法。位移计宜安置在建筑物底层或地下室地板上，接收装置可设在顶层或需要观测的楼层，激光通道可利用楼梯间梯井，测试室宜选在靠近顶部的楼层内。当位移计发射激光时，从测试室的光线示波器上可直接获取位移图像及有关参数，并自动记录成果。

④ 正锤线法。锤线宜选用直径 0.6~1.2mm 的不锈钢丝，上端可锚固在通道顶部或需要高度处所设的支点上。稳定重锤的油箱中应装有黏性小、不冰冻的液体。观测时，由底部观测墩上安置的量测设备（如坐标仪、光学垂线仪、电感式垂线仪），按一定周期测出各测点的水平位移量。

3）当按相对沉降量间接确定建筑物整体倾斜（见图 8-4）时，可选用下列方法。

图 8-4　建筑物主体倾斜

① 倾斜仪测记法。采用的倾斜仪（如水管式倾斜仪、水平摆倾斜仪、气泡倾斜仪或电子倾斜仪）应具有连续读数、自动记录和数字传输的功能。监测建筑物上部层面倾斜时，仪器可安置在建筑物顶层或需要观测的楼层的楼板上；监测基础倾斜时，仪器可安置在基础面上，以所测楼层或基础面的水平角变化值反映和分析建筑物倾斜的变化程度。

② 测定基础沉降法。在基础上选设观测点，采用水准测量方法，以所测各周期基础的沉降差换算求得建筑物整体倾斜度及倾斜方向。

4）当建筑物立面上观测点数量较多或倾斜变形比较明显时，也可采用近景摄影测量方法。

（6）主体倾斜观测的周期　可视倾斜速度每 1~3 个月观测一次。如遇基础附近因大量堆载或卸载、场地降雨长期积水等而导致倾斜速度加快时，应及时增加观测次数。施工期间的观测周期，可根据要求参照项目八中建筑物沉降观测第 5 条的规定确定。倾斜观测应避开强日照和风荷载影响大的时间段。

## 技能训练

### 任务一　建筑物的沉降观测

1. 任务目的

1）了解附合水准测量外业实施方法与步骤。

2）了解普通水准测量应满足的限差要求。

3）了解 $DS_3$ 型水准仪（自动安平水准仪）各部件的名称及作用。

4）练习水准仪的安置、粗平、瞄准、精平与读数。

2. 任务准备

1）测量专用手机：安卓系统，准备电话卡。

2）电子水准仪外接蓝牙。

3）数据线：与蓝牙连接的 9 针母口数据线。

4）手机充电宝：容量不小于 5000mA。

3. 任务实施

建筑物沉降观测是用水准测量的方法，周期性地观测建筑物上的沉降观测点和水准基点之间的高差变化值。

主要工作有：水准基点的布设、沉降观测点的布设、沉降观测、沉降观测的成果整理。

（1）水准基点的布设　水准基点是沉降观测的基准，因此水准基点的布设应满足以下要求。

1）要有足够的稳定性：水准基点必须设置在沉降影响范围以外，冰冻地区水准基点应埋设在冰冻线以下 0.5m。

2）要具备检核条件：为了保证水准基点高程的正确性，水准基点最少应布设 3 个，以便相互检核。

3）要满足一定的观测精度：水准基点和观测点之间的距离应适中，相距太远会影响观测精度，一般应在 100m 范围内。

（2）沉降观测点的布设　进行沉降观测的建筑物，应埋设沉降观测点，沉降观测点的布设应满足以下要求。

1）沉降观测点的位置：沉降观测点应布设在能全面反映建筑物沉降情况的部位，如建筑物四角，沉降缝两侧，荷载有变化的部位，大型设备基础，柱子基础和地质条件变化处。

2）沉降观测点的数量：一般沉降观测点是均匀布置的，它们之间的距离一般为 10~20m。

3）沉降观测点的设置形式：在控制点与沉降观测点之间建立固定的观测路线，并在架设仪器站点与转点处作好标记桩，保证各次观测均沿统一路线。

（3）沉降观测

1）观测周期：①当埋设的沉降观测点稳固后，在建筑物主体开工前，进行第一次观测；②在建（构）筑物主体施工过程中，一般每建 1~2 层观测一次，如中途停工时间较长，应在停工时和复工时进行观测；③当发生大量沉降或严重裂缝时，应立即或几天一次连续观测；④建筑物封顶或竣工后，一般每月观测一次，如果沉降速度减缓，可改为2~3个月观测一次，直至沉降稳定为止。

2）观测方法：观测时先后视水准基点，接着依次前视各沉降观测点，最后再次后视该水准基点，两次后视读数之差不应超过±1mm。沉降观测的水准路线（从一个水准基点到另一个水准基点）应为闭合水准路线。

3）精度要求：沉降观测的精度应根据建筑物的性质而定。

① 多层建筑物的沉降观测，可采用$DS_3$水准仪，用普通水准测量的方法进行，其水准路线的闭合差不应超过$±2.0\sqrt{n}$mm（$n$为测站数）。

② 高层建筑物的沉降观测，则应采用$DS_1$精密水准仪，用二等水准测量的方法进行，其水准路线的闭合差不应超过$±1.0\sqrt{n}$mm。

4）工作要求。沉降观测是一项长期、连续的工作，为了保证观测成果的正确性，应尽可能做到"四定"：①固定观测人员；②使用固定的水准仪和水准尺；③使用固定的水准基点；④按固定的实测路线和测站进行。

（4）沉降观测的成果整理

1）整理原始记录。

每次观测结束后，应检查记录的数据和计算是否正确，精度是否合格，然后调整高差闭合差，推算出各沉降观测点的高程，并填入沉降观测表中。

2）计算沉降量。

① 计算各沉降观测点的本次沉降量：

$$本次沉降量=本次观测所得的高程-上次观测所得的高程$$

② 计算累积沉降量：

$$累积沉降量=本次沉降量+上次累积沉降量$$

将计算出的沉降观测点本次沉降量、累积沉降量和观测日期、荷载情况等记入沉降观测表中。

3）绘制沉降曲线 。

沉降曲线分为两部分，即时间与沉降量关系曲线和时间与荷载关系曲线。

① 绘制时间与沉降量关系曲线：首先，以沉降量$s$为纵轴，以时间$t$为横轴，组成直角坐标系；然后，以每次累积沉降量为纵坐标，以每次观测日期为横坐标，标出沉降观测点的位置；最后，用曲线将标出的各点连接起来，并在曲线的一端注明沉降观测点号码，这样就绘制出了时间与沉降量关系曲线。

② 绘制时间与荷载关系曲线：首先，以荷载为纵轴，以时间为横轴，组成直角坐标系；再根据每次观测时间和相应的荷载标出各点，将各点连接起来，即可绘制出时间与荷载关系曲线。

## 任务二 建筑物的位移观测

1. 任务目的

1）了解竖盘的构造，竖盘的读数。

2）掌握竖直角的观测方法及计算。

**2. 任务准备**

准备精密水准仪（$S_1$ 或 $S_{05}$ 级），水准尺也应使用受环境及温差变化影响小的高精度铟合金水准尺。在不具备铟合金水准尺的情况下，使用一般塔尺时尽量使用第一段标尺。

**3. 任务实施**

位移观测首先要在建筑物附近埋设测量控制点，再在建筑物上设置位移观测点。

位移观测的方法有以下两种：①角度前方交会法；②基准线法。

建筑物的地基变形允许值见表 8-1。

表 8-1　建筑物的地基变形允许值

| 变　形　特　征 | | 地基土类别 | |
| --- | --- | --- | --- |
| | | 中、低压缩性土 | 高压缩性土 |
| 砌体承重结构基础的局部倾斜 | | 0.002 | 0.003 |
| 工业与民用建筑相邻柱基的沉降差 | 框架结构 | $0.002l$ | $0.003l$ |
| | 砌体墙填充的边排柱 | $0.0007l$ | $0.001l$ |
| | 当基础不均匀沉降时不产生附加应力的结构 | $0.005l$ | $0.005l$ |
| 单层排架结构（柱距为 6m）柱基的沉降量/mm | | （120） | 200 |
| 桥式吊车轨面的倾斜（按不调整轨道考虑） | 纵向 | 0.004 | |
| | 横向 | 0.003 | |
| 多层和高层建筑的整体倾斜 | $H_g \leqslant 24$ | 0.004 | |
| | $24 < H_g \leqslant 60$ | 0.003 | |
| | $60 < H_g \leqslant 100$ | 0.0025 | |
| | $H_g > 100$ | 0.002 | |
| 体型简单的高层建筑基础的平均沉降量/mm | | 200 | |
| 高耸结构基础的倾斜 | $H_g \leqslant 20$ | 0.008 | |
| | $20 < H_g \leqslant 50$ | 0.006 | |
| | $50 < H_g \leqslant 100$ | 0.005 | |
| | $100 < H_g \leqslant 150$ | 0.004 | |
| | $150 < H_g \leqslant 200$ | 0.003 | |
| | $200 < H_g \leqslant 250$ | 0.002 | |
| 高耸结构基础的沉降量/mm | $H_g \leqslant 100$ | 400 | |
| | $100 < H_g \leqslant 200$ | 300 | |
| | $200 < H_g \leqslant 250$ | 200 | |

**4. 注意事项**

1）$H$ 为自室外地面起算的建筑高度，m。

2）$L$ 为相邻柱基的中心距离，mm；$H_g$ 为自室外地面算起的建筑物高度，m。

3）倾斜指基础倾斜方向两端点的沉降差与其距离的比值。

4）局部倾斜指砌体承重墙结构沿纵向 6～10m 内，基础两点的沉降差与其距离的比值。

## 任务三 建筑物的倾斜观测

1. 任务目的

1) 掌握控制测量、图根测量和界址点测量的观测、记录和计算方法。

2) 掌握经纬仪、全站仪的仪器使用技能。

2. 任务准备

经纬仪（或全站仪）、钢尺、水准仪、记录本、木桩、斧头。

3. 任务实施

用测量仪器来测定建筑物的基础和主体结构倾斜变化的工作，称为倾斜观测。

（1）一般建筑物主体的倾斜观测

建筑物主体的倾斜观测，应测定建筑物顶部观测点相对于底部观测点的偏移值，再根据建筑物的高度，计算建筑物主体的倾斜度，即

$$i = \tan\alpha = \frac{\Delta D}{H} \tag{8-3}$$

式中　$i$——建筑物主体的倾斜度；

　　$\Delta D$——建筑物顶部观测点相对于底部观测点的偏移值，m；

　　$H$——建筑物的高度，m；

　　$\alpha$——倾斜角，°。

倾斜测量主要是测定建筑物主体的偏移值 $\Delta D$。偏移值 $\Delta D$ 的测定一般采用经纬仪投影法。经纬仪投影法观测方法如下。

1) 将经纬仪安置在固定测站上，该测站到建筑物的距离，为建筑物高度的 1.5 倍以上。瞄准建筑物 $X$ 墙面上部的观测点 $M$，用盘左、盘右分中投点法，定出下部的观测点 $N$。用同样的方法，在与 $X$ 墙面垂直的 $Y$ 墙面上定出上观测点 $P$ 和下观测点 $Q$。$M$、$N$ 和 $P$、$Q$ 即为所设观测标志。

2) 隔一段时间后，在原固定测站上，安置经纬仪，分别瞄准上观测点 $M$ 和 $P$，用盘左、盘右分中投点法，得到 $N'$ 和 $Q'$。如果 $N$ 与 $N'$、$Q$ 与 $Q'$ 不重合，说明建筑物发生了倾斜。

3) 用尺子量出在 $X$、$Y$ 墙面的偏移值 $\Delta A$、$\Delta B$，然后用矢量相加的方法，计算出该建筑物的总偏移值 $\Delta D$，即

$$\Delta D = \sqrt{\Delta A^2 + \Delta B^2} \tag{8-4}$$

根据总偏移值 $\Delta D$ 和建筑物的高度 $H$ 即可计算出其倾斜度 $i$。

（2）圆形建（构）筑物主体的倾斜观测　对圆形建（构）筑物的倾斜观测，是在互相垂直的两个方向上，测定其顶部中心对底部中心的偏移值。

（3）建筑物基础倾斜观测　建筑物的基础倾斜观测一般采用精密水准测量的方法，定期测出基础两端点的沉降量差值 $\Delta h$，再根据两点间的距离 $L$，即可计算出基础的倾斜度

$$i = \frac{\Delta h}{L} \tag{8-5}$$

对整体刚度较好的建筑物的倾斜观测，亦可采用基础沉降量差值，推算主体偏移值。

用精密水准测量测定建筑物基础两端点的沉降量差值 $\Delta h$，再根据建筑物的宽度 $L$ 和高度 $H$，推算出该建筑物主体的偏移值 $\Delta D$，即

$$\Delta D = \frac{\Delta h}{L} H \tag{8-6}$$

（4）建筑物的裂缝观测　当建筑物出现裂缝之后，应及时进行裂缝观测，常用的裂缝观测方法有两种。

1）石膏板标志：用厚 10mm，宽 50～80mm 的石膏板（长度视裂缝大小而定），固定在裂缝的两侧。当裂缝继续发展时，石膏板也随之开裂，从而观察裂缝继续发展的情况。

2）白铁片标志：如图 8-5 所示，用两块白铁片，一片取 150mm×150mm 的正方形，固定在裂缝的一侧，并使其一边和裂缝的边缘对齐；另一片为 50mm×200mm 的矩形，固定在裂缝的另一侧，使两块白铁皮的边缘相互平行，并使其中的一部分重叠；当两块白铁片固定好以后，在其表面均涂上红色油漆；如果裂缝继续发展，两白铁片将逐渐拉开，露出正方形白铁片上原来被覆盖没有涂油漆的部分，其宽度即为裂缝加大的宽度，可用尺子量出。

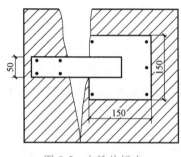

图 8-5　白铁片标志

## 项目评价

本项目的评价方法、评价内容和评价依据见表 8-2。

表 8-2　项目评价（八）

| 评价方法 | | |
|---|---|---|
| 采用多元评价法，教师点评、学生自评、互评相结合。观察学生参与、聆听、沟通表达自己看法、投入程度、完成任务情况等方面 | | |
| 评价内容 | 评价依据 | 权　重 |
| 知识 | 1. 能理解建筑物变形的类别<br>2. 能阐述建筑物变形观测的方法 | 40% |
| 技能 | 1. 能对建筑物沉降进行观测<br>2. 能对建筑物位移、倾斜进行观测 | 40% |
| 学习态度 | 1. 是否出勤、预习<br>2. 是否遵守安全纪律，认真倾听教师讲述、观察教师演示<br>3. 是否按时完成学习任务 | 20% |

## 复习巩固

### 一、单项选择题

1. 每个工程变形监测应至少有（　　）个基准点。

A. 2　　　　　　　　B. 3　　　　　　　　C. 4　　　　　　　　D. 6

2. 施工沉降观测过程中，若工程暂时停工，停工期间可每隔多长时间观测一次，正确

答案为（　　）。

  A. 1~2 个月　　　　　　B. 2~3 个月　　　　　　C. 3~4 个月　　　　　　D. 4~5 个月

3. 塔形、圆形建筑或构件宜采用（　　）检测主体倾斜。

  A. 投点法　　　　　　B. 测水平角法　　　　　C. 前方交会法　　　　　D. 正、倒锤线法

4. 对于深基础建筑或高层、超高层建筑，沉降观测应从（　　）时开始。

  A. 上部结构施工　　　B. 主体封顶　　　　　C. 不一定　　　　　　D. 基础施工

5. 变形监测的精度指标值，是综合了设计和相关施工规范已确定的允许变形量的（　　）作为测量精度值。

  A. 1/10　　　　　　　B. 1/30　　　　　　　C. 1/20　　　　　　　D. 1/25

## 二、简答题

1. 简述桩基础沉降计算方法。

2. 简述沉降观测点布置的基本要求与具体方法。

3. 简述工程建筑物产生变形的主要原因及变形的分类。

4. 简述倾斜测量的概念、地面倾斜测量主要有哪几种方法。

# 项目九

# 管道施工测量

## 项目导入

　　随着生产的发展，人们的生活水平不断提高，在城镇敷设给水、排水、燃气、供热、工业用气、通风、动力、电缆、输油管等管道工程越来越多。管道多修建于建筑密集的城区或厂矿地区，往往在狭窄地段内要敷设多种管道，有时上下穿插、纵横交错。因此，在进行管道测量时，要求测量员严格按照图纸上的设计位置，正确地将管道测设到地面上。避免管道彼此冲突、相互干扰，造成施工的极大困难。

## 相关知识

　　管道工程测量是为各种管道的设计和施工服务的。它的任务有两个方面：一是为管道工程的设计提供地形图和断面图；二是按设计要求将管道位置标定于实地。其内容包括下列各项工作。

　　1）准备资料：收集规划设计区域的 1∶10000（或 1∶5000）、1∶2000（或 1∶1000）地形图及原有管道平面图、断面图等资料。

　　2）图上定线：利用已有地形图，结合现场勘察，进行规划和图上定线。

　　3）地形图测绘：根据初步规划的线路，实地测量管线附近的带状地形图，如该区域已有地形图，则需要根据实际情况对原有地形图进行修测。

　　4）管道中线测量：根据设计要求，在地面上定出管道的中心线位置。

　　5）纵横断面图测量：测绘管道中心线方向和垂直中心线方向的地面高低起伏情况。

　　6）管道施工测量：根据设计要求，将管道敷设于实地所需进行的测量工作。

　　7）管道竣工测量：将施工后的管道位置，通过测量绘制成图，以反映施工质量，并作为使用期间维修、管理及今后管道扩建的依据。

　　8）测量工作必须采用城市或厂区的同一坐标和高程系统，严格按设计要求进行，并要做到"步步有校核"，这样才能保证施工质量。

### 一、施工前的测量工作

#### 1. 熟悉图纸和现场情况

　　施工前，要收集和熟悉管道的设计图纸，了解管道的性质和敷设方法对施工的要求，以及管道与其他建筑物的相互关系。认真核对设计图纸，了解精度要求和工程进度安排等。还要深入施工现场，熟悉地形，找出各桩点的位置。

## 2. 校核中线

若设计阶段在地面上标定的中线位置就是施工时所需要的中线位置，且各桩点完好，则仅需校核一次，不重新测设。若有部分桩点丢损或施工的中线位置有所变动，则应根据设计资料重新恢复旧点或按改线资料测设新点。在恢复中线时，应将检查井、支管等附属构筑物的位置同时定出。

### 二、施工控制桩的测设

由于施工时中线上各桩要被挖掉，为便于恢复中线和附属构筑物的位置，应在不受施工干扰、引测方便、易于保存桩位的位置，测设施工控制桩。

施工控制桩分中线控制桩和附属构筑物控制桩两种。管道控制桩（见图 9-1）一般测设在管道起止点和各转折点处的中线延长线上，若管道直线段较长，可在中线一侧的管槽边线外测设一排与中线平行的控制桩；附属构筑物控制桩测设在管道中线的垂直线上，恢复附属构筑物的位置时，通过两控制桩拉细线，细线与中线的交点就是。

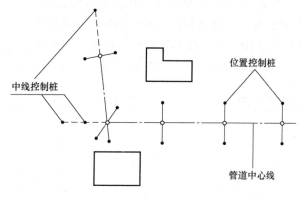

中线控制桩　位置控制桩　管道中心线

图 9-1　管道控制桩示意图

### 三、加密水准点

为了在施工过程中便于引测高程，应根据设计阶段布设的水准点，于沿线附近每隔 100~150m 增设临时水准点。

## //技能训练

## 任务一　管道中线测量（交点、转点、管线主点测设）

**1. 任务目的**
掌握管道中线测量的一般方法。

**2. 任务实施**
中线测量是通过直线和曲线的测设，将线路中心线具体测设到地面上，包括：中线各交点（JD）和转点（ZD）、管线的主点（起、终点转向点）测设，中桩测设（量距、钉桩、确定里程），线路各转角（α）的测量、测设等。

（1）主点的测设　主点可根据与地物关系测设，也可根据与导线点关系用直角坐标法、极坐标法、角度交会、距离交会法测设。

测设数据可用图解法（在图上量）或解析法（由主点坐标及控制点坐标算距离、角度）。

（2）转角（偏角）测定　采用 $DJ_6$ 经纬仪观测一测回，半测回之差应不超过 $±40''$。偏角有左、右之分，偏转后方向位于原方向左侧称为左偏角 $α_Z$，反之为右偏角 $α_Y$，一般观测路线右角 $β$（见图 9-2）。则 $α_Y = 180°-β_3$，$α_Z = β_4-180°$。

管道弯头有定型角度，不得有阻水现象。

（3）里程桩设置　从线路起点沿线路经过的长度，称为里程；把里程表示为整公里数+不足整公里米数的形式以区别线路上不同的点，称为

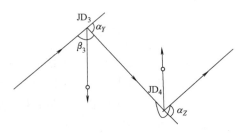

图 9-2　中线测量示意图

里程桩号，如 K4+100。里程桩分整桩和加桩。整桩是由线路起点开始，每隔 20m、30m、50m 设置一桩，加桩分地形加桩、地物加桩、曲线加桩和关系加桩，其中关系加桩是指线路上的转点（ZD）桩和交点（JD）桩。设置里程桩的目的是为了确定线路中线桩的位置和线路长度，满足纵、横断面的测量及线践施工放样做准备，如图 9-3a、b、c 所示。

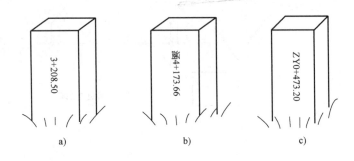

图 9-3　里程桩设置示意图

设置里程桩的目的是计算管道的长度的测绘纵横断面图。

3. 注意事项

1）为了避免测设的中桩发生错误，一般要用钢尺丈量两次。

2）量距的同时，要在现场绘出草图。

## 任务二　管道纵、横断面的测量

1. 任务目的

掌握管道纵、横断面的测量的一般方法。

2. 任务实施

根据管线附近的水准点，用水准测量方法测出管道中线上各里程桩和加桩点的高程，绘制纵断面图，为设计管道埋深、坡度和计算土方量提供资料。分两步进行：①基平测量：在

线路方向上设置水准点，建立高程控制。②中平测量：根据各水准点高程，分段进行中桩水准测量。

（1）基平测量

1）水准点的设置。

① 位置：埋设在距中线 50~100m，且不易破坏之处。

② 设置密度：相隔 0.5~1km——山区；相隔 1~2km——平原区。

③ 每隔 5km、路线起终点、重要工程处，设永久性水准点。

2）基平测量的方法。

① 路线——附合水准路线。

② 仪器：水准仪——不低于 $DS_3$ 精度。

③ 测量要求：水准测量——一般按三、四等水准测量规范进行。例如，要进行往返测，闭合差不超过 $±20\sqrt{L}$mm；三角高程测量——一般按全站仪电磁波三角高程测量（四等）规范进行。

（2）中平测量 在基平测量后提供的水准点高程的基础上，测定各个中桩的高程，如图 9-4 所示。

1）水准仪法：从一个水准点出发，按普通水准测量的要求，用视线高法测出该测段内所有中桩地面高程，最后附合到另一个水准点上。

2）全站仪法：先在 $BM_1$ 上测定各转点 $TP_1$、$TP_2$ 的高程，再在 $TP_1$、$TP_2$ 上测定各桩点的高程，其原理即为三角高程测量原理。

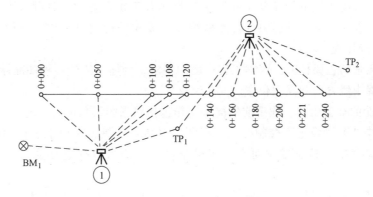

图 9-4 中平测量示意图

测量时，在每一测站上首先读取后、前两转点（$BM_1$、$TP_1$）的标尺读数，再读取两转点间所有中线桩地面点（间视点）的标尺读数，间视点的立尺由后尺手来完成。

仪器搬至测站②，后视转点 $TP_1$，前视转点 $TP_2$，然后观测各中线桩地面点。用同法继续向前观测，直至附合到水准点 2，完成附合路线的观测工作。

3. 注意事项

每一测站的各项计算依次按下列公式进行。

$$视线高程 = 后视点高程 + 后视读数 \tag{9-1}$$

$$转点高程 = 视线高程 - 前视读数 \tag{9-2}$$

$$中线桩处的地面高程 = 视线高程 - 前视读数 \tag{9-3}$$

记录员应边记录边计算，直至下一个水准点为止（见表9-1）。

表9-1　管道纵断面水准测量记录手簿

| 测站 | 测点 | 水准尺读数/m | | | 视线高程/m | 高程/m | 备注 |
|------|------|------|------|------|------|------|------|
| | | 后视 | 前视 | 中间视 | | | |
| I | BM₁<br>0+000 | 1.784 | 1.523 | —— | 130.526 | 128.742<br>129.003 | 水准点<br>BM₁=<br>128.742 |
| II | 0+000<br>0+050<br>0+100 | 1.471 | 1.102 | 1.32 | 130.474 | 129.003<br>129.15<br>129.372 | |
| III | 0+100<br>0+150<br>0+182<br>0+200 | 2.663 | 2.85 | 1.43<br>1.56 | 132.035 | 129.372<br>130.60<br>130.48<br>129.185 | |

## 任务三　管道施工测量

**1. 任务目的**

掌握管道施工测量一般方法。

**2. 任务实施**

管道工程一般属于地下构筑物。在较大的城镇及工矿企业中，各种管道常相互上下穿插，纵横交错。因此在施工过程中，要严格按设计要求进行测量工作，并做到"步步有校核"，这样才能确保施工质量。

管道施工测量的主要任务：根据工程进度的要求，为施工测设各种基准标志，以便在施工中能随时掌握中线方向和高程位置。

（1）施工前的准备工作　施工前的准备工作包括熟悉图纸和现场情况。

（2）校核中线并测设施工控制桩　中线测量时所钉各桩，在施工过程中会丢失或被破坏一部分。为保证中线位置准确可靠，应根据设计及测量数据进行复核，并补齐已丢失的桩。

施工控制桩指中线控制桩和附属构筑物的位置控制桩。在施工时由于中线上各桩要被挖掉，为便于恢复中线和其他附属构筑物的位置，应在不受施工干扰、引测方便和易于保存桩位处设置施工控制桩。

（3）加密控制点　为便于施工过程中引测高程，应根据原有水准点，在沿线附近每隔150m增设一个临时水准点。

（4）槽口放线　槽口放线就是按设计要求的埋深和土质情况、管径大小等计算出开槽宽度，并在地面上定出槽边线位置，撒出白灰线，以便开挖施工（见图9-5）。

$$D = D_1 + D_2 = b + 2mh \tag{9-4}$$

式中　$b$——槽底宽度；

$h$——中线上的挖土深度；

$m$——管槽边坡的坡度。

1）分任务一：设置坡度板及测设中线钉。

管道施工中的测量工作主要是控制管道中线设计位置和管底设计高程。为此，需设置坡度板。如图 9-6 所示，坡度板跨槽设置，间隔一般为 10~20m，编以板号。根据中线控制桩，用经纬仪把管道中心线投测到坡度板上，用小钉做标记，称作中线钉，以控制管道中心的平面位置。

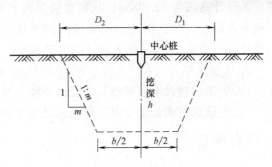

图 9-5　槽口放线示意图

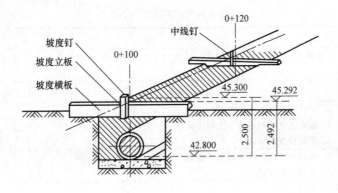

图 9-6　坡度板跨槽设置

2）分任务二：测设坡度钉

为了控制沟槽的开挖深度和管道的设计高程，还需要在坡度板上测设设计坡度。为此，在坡度横板上设一坡度立板，一侧对齐中线，在竖面上测设一条高程线，从坡度板向上或向下量取高差调整数，使其高程与管底设计高程相差一整分米数，称为下反数。在该高程线上横向钉一小钉，称为坡度钉（见图 9-7），以控制沟底挖土深度和管子的埋设深度。高差调整数可按下式计算

$$高差调整数 = (板顶高程 - 板底高程) - 下反数 \tag{9-5}$$

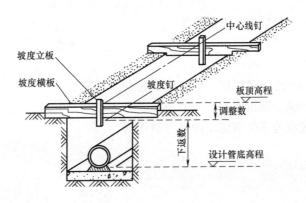

图 9-7　坡度钉示意图

如图 9-8 所示，用水准仪测得桩号为 0+100 处的坡度板中线处的板顶高程为 45.292m，

管底的设计高程为 42.800m，从坡度板顶向下量 2.492m，即为管底高程。为了使下反数为一整分米数，坡度立板上的坡度钉应高于坡度板顶 0.008m，使其高程为 45.300m。这样，由坡度钉向下量 2.5m，即为设计的管底高程。

3. 注意事项

1）管道的埋设要按照设计的管道中线和坡度进行。

2）管道施工测量的主要工作是控制中线和高程。

## 项目评价

本项目的评价方法、评价内容和评价依据见表9-2。

表9-2 项目评价（九）

| 评 价 方 法 | | |
| --- | --- | --- |
| 采用多元评价法,教师点评、学生自评、互评相结合。观察学生参与、聆听、沟通表达自己看法、投入程度、完成任务情况等方面 | | |
| 评价内容 | 评价依据 | 权重 |
| 知识 | 1. 能说出中线测量的内容<br>2. 能简述中线测量的方法和步骤<br>3. 掌握检查的方法 | 40% |
| 技能 | 1. 能进行中线测量和转折角测量<br>2. 能测设里程桩 | 40% |
| 学习态度 | 1. 是否出勤、预习<br>2. 是否遵守安全纪律,认真倾听教师讲述、观察教师演示<br>3. 是否按时完成学习任务 | 20% |

## 复习巩固

### 一、填空题

1. 管道的_____、_____和_____称为主点。主点的测设方法主要有_____、_____、_____、_____。

2. 排水管道在支线与干线汇交处，不应有_____现象，故管线转角不应小于_____。

3. 地下管线施工测量按施工方法分为_____，_____。

4. 顶管施工测量的任务是保证_____和_____的准确。

### 二、简答题

1. 确定管线时应考虑哪些因素？管线中线起点如何确定？

2. 顶管施工有何优、缺点？

3. 简述平行腰桩在地下管道施工测量中的作用。

# 项目十

# 拦河坝工程测量

## 项目导入

    拦河坝作为重要的水工建筑物，与其他的建筑物一样，先期的测量工作都是必要的。拦河坝的施工测量工作因为坝体材料的不同可能会有差异，以常见的土（石）坝及混凝土重力坝而言，整个施工测量过程包括：坝轴线定位、控制线测设、高程控制网建立、清基放样、坡脚线放样、边坡放样及坡面修整七项，但只要学会基本的方法，对于任何坝体，都可通用。

## 相关知识

### 拦河坝施工测量概述

    治理江河，兴修水利，需要修建防洪、灌溉、排涝发电、航运等多项工程，进行综合治理。一般由若干水工建筑物组成一整体，称其为水利枢纽。如图 10-1 所示为某水利枢纽示意图，主要由拦河坝、电站、泄洪涵洞、溢洪道等项工程组成。

图 10-1　水利枢纽示意图

    拦河大坝是重要的水工建筑物，按坝型可分为土坝、堆石坝、重力坝及拱坝等（后两类大中型多为混凝土坝，中小型多为浆砌块石坝）。修建大坝需按施工顺序进行下列测量工作：①布设平面和高程基本控制网，控制整个工程的施工放样；②确定坝轴线和布设控制坝体细部放样的定线控制网；③清基开挖的放样；④坝体细部放样等。对于不同筑坝材料及不同坝型施工放样的精度要求有所不同，内容也有些差异，但施工放样的基本方法大同小异。本项目分别就土（石）坝（见图 10-2）及混凝土重力坝施工放样的主要内容及其基本方法进行介绍。

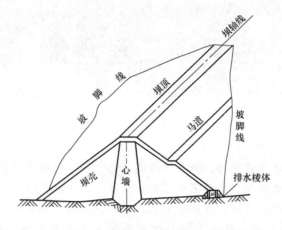

图 10-2　土（石）坝结构示意图

## // 技能训练

## 任务一　土（石）坝的施工控制测量

1. 任务目的

1）掌握坝轴线的确定方法。

2）测设平行于坝轴线的控制线。

2. 任务准备

经纬仪（或全站仪）、钢尺、水准仪、施工图、木桩、斧头。

3. 任务实施

（1）坝轴线的测设　对于中小型土（石）坝的坝轴线，一般由工程设计人员和勘测人员组成选线小组，深入现场进行实地踏勘，根据工区地形、地质和建筑材料等条件，经过方案比较，直接在现场选定。

对于大型土（石）坝及与混凝土坝衔接的土质副坝，一般经过现场踏勘、图上规划等多次调查研究和方案比较，确定建坝位置，并在坝址地形图上结合枢纽的整体布置，将坝轴线标于地形图上，如图 10-3 中的 $M_1$、

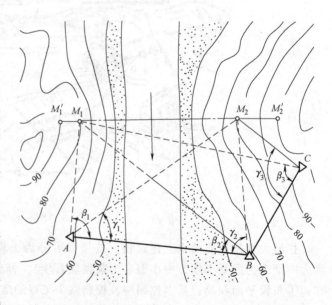

图 10-3　坝轴线侧设示意图

$M_2$。为了将图上设计好的坝轴线标定在实地上，一般可根据预先建立的施工控制网用角度交会法将和 $M_1$、$M_2$ 测设到地面上。放样时，先根据控制点 $A$、$B$、$C$ 的坐标和坝轴线两端点 $M_1$、$M_2$ 的设计坐标算出交会角 $\beta_1$、$\beta_2$、$\beta_3$ 和 $\gamma_1$、$\gamma_2$、$\gamma_3$，然后安置经纬仪于 $A$、$B$、$C$ 点。测设交会角，用三个方向进行交会，在实地定出 $M_1$、$M_2$。

坝轴线的两端点在现场标定后，应用永久性标志标明。为了防止施工时端点被破坏，应将坝轴线的端点延长到两面山坡上，如图 10-3 中的 $M_1'$、$M_2'$。

（2）坝身控制线的测量　为了方便大坝施工期间的放样工作，一般要布设一些与坝轴线平行和垂直的控制线，这些控制线称为坝身控制线。此项工作需在清理基础前进行（如修筑围堰，在合龙后将水排空，才能进行）。

1）测设平行于坝轴线的控制线。平行于坝轴线的控制线可布设在坝顶上下游线、上下游变坡线、下游马道中线，也可按一定间隔布设（如 10m、20m、30m 等），以便控制坝体的填筑和收方。

测设平行于坝轴线的控制线时，分别在坝轴线的端点 $M_1$、$M_2$ 安置经纬仪，用测设 90°的方法各作一条垂直于坝轴线的基准线（见图 10-4），然后沿此基准线量取各平行控制线距坝轴线的距离，得各平行线的位置，并用方向柱在实地标定。

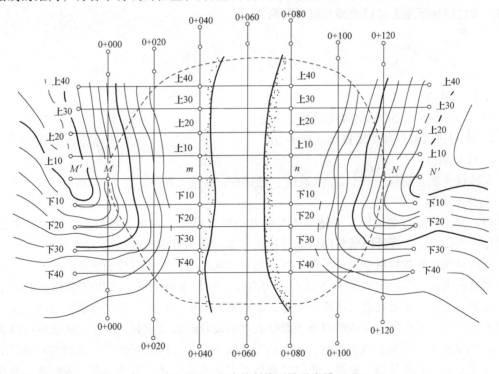

图 10-4　坝身控制线测设示意图

2）测设垂直于坝轴线的控制线。垂直于坝轴线的控制线，一般按 20～50m 的间距，以里程来测设，其步骤如下。

① 沿坝轴线测设里程桩。由坝轴线的一端定出坝顶与地面的交点，作为零号桩，其桩号为 0+000。然后由零号桩起，由经纬仪定线，沿坝轴线方向按选定的间距丈量距离，顺序钉下 0+030、0+060、0+090 等里程桩，直至另一端坝顶与地面的交点为止。

② 测设垂直于坝轴线的控制线。将经纬仪安置在里程桩上，定出垂直于坝轴线的一系列平行线，并在上、下游施工范围以外用方向桩标定在实地上，作为测量横断面和放样的依据，这些桩亦称横断面方向桩。

（3）高程控制网的建立　土（石）坝施工放样的高程控制网，一般分为基本网和施工网两级。基本网由若干永久性水准点组成，施工网由若干临时作业水准点组成。基本网布设在施工范围以外，并与国家水准点连测，组成闭合或附合水准路线（见图 10-5）。用三等或四等水准测量方法施测。

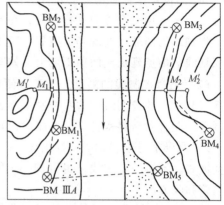

图 10-5　基本高程控制网布设示意图

施工网（临时水准点）直接用于坝体施工的高程放样，布置在施工范围以内不同高程的地方，并尽可能做到安置一两次仪器就能进行高程放样。临时水准点应根据施工进程及时设置，并附合到永久水准点上。施测方法及精度一般按四等或五等水准测量要求，并应根据永久水准点进行定期检测，以保证施工过程中高程放样的精度。

## 任务二　土（石）坝清基开挖与边坡线的放样

1. 任务目的
1）掌握清基开挖线和坡脚线的测设方法。
2）掌握边坡放样和坡面修整放样的方法。

2. 任务准备
经纬仪（或全站仪）、钢尺、水准仪、记录本、木桩、斧头。

3. 任务实施

（1）清基开挖线的放样　为使坝体与岩基很好地结合，在坝体填筑前，必须对基础进行清理。为此，应按设计图纸放出清基开挖线（即坝体与原地面的交线）。

清基开挖线的放样精度要求不高，可用图解法求得放样数据在现场放样。为此，先沿坝轴线测量纵断面，即测定轴线上各里程桩的高程，绘出纵断面图，求出各里程桩的填土高度；其次，在每一里程处进行横断面测量，绘出横断面图；最后，根据各里程桩的高程、中心填土高度与坝面坡度，在横断面图上套绘大坝的设计断面（见图 10-6）。从图中可以看出 $R_1$、$R_2$ 为坝壳上、下游清基开挖点，$n_1$、$n_2$ 为心墙上、下游清基开挖点，它们与坝轴线的距离 $d_1$、$d_2$、$d_3$、$d_4$ 可从图上量得，用这些数据即可在实地放样。但清基有一定深度，开挖时要有一定边坡，故 $d_1$ 和 $d_2$ 应根据深度适当加宽进行放样。用石灰线连接各断面的清基开挖点，即为大坝的清基开挖线。

（2）坡脚线的放样　清基以后应放出坡脚线，以便填筑坝体。坝底与清基后地面的交线即为起坡线，测设方法也可用套绘断面法获得放样数据。首先恢复轴线上的所有里程桩，然后进行纵横断面测量，绘出清基后的横断面图，套绘土坝设计断面，按上述方法测设。

由于起坡线的放样精度要求较高，应对放出的起坡点进行检查。如图 10-7 所示，用水

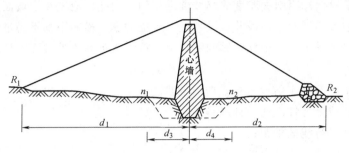

图 10-6　土石坝清基放样数据示意图

准仪测量所放出的 $P$ 点的高程为 $H_p$，此点至坝轴线里程桩的实地平距为 $D_p$，则应等于下式所计算出来的轴距，即 $D_p = b/2 + (H_{顶} - H_p)m$。

（3）边坡放样　坝体坡脚线放出后，即可进行填筑施工。为了标明填筑土（石）料的界线，每当坝体升高 1m 左右，就要用上料桩将边坡的位置标定出来。标定上料桩的工作称为边坡放样。

边坡放样首先要确定上料桩至坝轴线的水平距离（坝轴距）。由于坝面有一定坡度，随着坝体的升高坝轴距将逐渐减

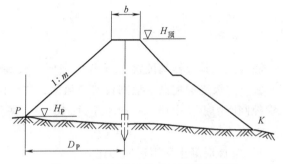

图 10-7　平行线法放样坡脚线示意图

小，故预先要根据坝体的设计数据算出坡面上不同高程的坝轴距，为了使经过压实和修坡后的坝坡面恰好是设计的坡度，一般应加宽 1~2m 填筑。上料桩就应标定在加宽的边坡线上（见图 10-8 中的虚线处）。因此，各上料桩的坝轴距比按设计所算数值应大 1~2m，并将其编成放样数据表，供放样时使用。

边坡放样时，一般在填土处以外预先埋设轴距杆，如图 10-8 所示。轴距杆距坝轴线的距离主要考虑便于量距、放样，图 10-8 中为 55m。为了放出上料桩，则先用水准仪测出坡面边沿处的高程，根据此高程从放样数据表中查得现轴距，设某点坝轴距为 53.5m，此时，从轴距杆向坝轴线方向量取（55.0−53.5）m = 1.5m，即为上料桩的位置。当坝体逐渐升高，轴距杆的位置不便应用时可向里移动，以方便放样。

（4）坡面修整放样　土坝体修筑到设计高程并夯实后应进行修整，根据设计的坡度修

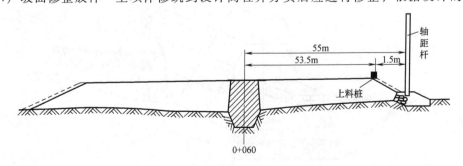

图 10-8　土石坝边坡放样示意图

整坝坡面。修坡是根据标明削去厚度的修坡桩进行的，为此，应先在坝坡面上按一定间距布设一些与坝轴线平行的坝面平行线并钉设木桩，木桩的纵、横间距都不易过大，以免影响修坡质量，用钢卷尺丈量各木桩至坝轴线的距离，并按下式计算桩的坡面设计高程。

$$H_0 = H - (D-d)/m \qquad (10\text{-}1)$$

式中　$H_0$——坝面平行线上钉设木桩点应有的高程；

　　　$H$——坝顶或上变坡点的设计高程；

　　　$D$——坝面平行线的轴距；

　　　$d$——坝肩线或上变坡点的轴距；

　　　$m$——坝面坡比的分母。

用水准仪测定各木桩的坡面高程，各点坡面高程与各点设计高程之差即为该点的削坡厚度。

## 任务三　混凝土坝的施工测量

混凝土坝其放样精度比土（石）坝要求较高。施工平面控制网一般按两级布设，不多于三级，首级平面控制一般布设成三角网，二级网一般布设成矩形网，作为坝体控制，精度要求控制网的点位中误差一般不超过±10mm。高程控制网也分两级布设成水准路线。

1. 任务目的

1）掌握混凝土坝矩形网的建立。

2）掌握混凝土坝高程控制网。

2. 任务准备

经纬仪（或全站仪）、钢尺、水准仪、记录本、木桩、斧头。

3. 任务实施

（1）建立矩形网　混凝土坝采用分层施工，每一层中还分仓（分段分块）进行浇筑，如图10-9所示为直线型混凝土重力坝分层分块示意图。坝体细部常用方向线交会法和前方

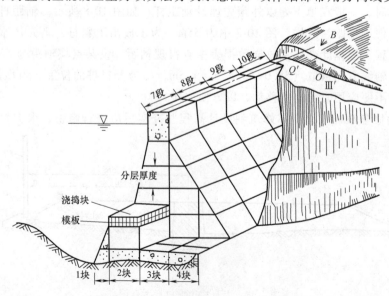

图10-9　直线型混凝土重力坝分层分块示意图

交会法放样，为此，坝体放样的控制网——定线网，有矩形网和三角网两种，这里主要学习矩形网的建立。

如图 10-10 所示为以坝轴线 AB 为基准布设的矩形网，它是由若干条平行和垂直于坝轴线的控制线所组成，格网尺寸按施工分段分块的大小而定，与土石坝平面控制网建立方法基本相同。

测设时，将经纬仪（或全站仪）安置在 A 点，照准 B 点，在坝轴线上选甲、乙两点，通过这两点测设于坝轴线相互垂直的方向线，由甲、乙两点开始，分别沿垂直方向按分块的宽度钉出 e、f、g、h、m 和 e′、f′、g′、h′、m′ 等点。最后将 ee′、ff′、gg′、hh′ 及 mm′ 等连接延伸到开挖区外，在两侧山坡上设置 Ⅰ、Ⅱ、…、Ⅴ 和 Ⅰ′、Ⅱ′、…、Ⅴ′ 等放样控制点。

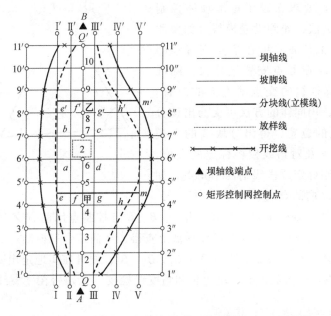

图 10-10 矩形控制网示意图

然后在坝轴线方向上，按坝顶的高程，找出坝顶与地面相交的两点 Q 与 Q′，再沿坝轴线按分块的长度钉出坝基点 2、3、…、10，通过这些点各测设于坝轴线相垂直的方向线，并将方向线延长到上、下游围堰上或两侧山坡上，设置 1′、2′、…、11′ 和 1″、2″、…、11″ 等放样控制点。

在测设矩形网的过程中，测设直角时须用盘左和盘右取平均值，测量距离应细心校核，以免发生差错。

（2）高程控制网 高程控制分两级布设，基本网是整个水利枢纽的高程控制。视工程的不同要求按二、三等水准测量施测，并考虑以后可用作监测垂直位移的工程控制。作业水准点或施工水准点随施工进程布设，尽量布设成闭合或附合水准路线。

## 任务四 直线型混凝土重力坝坝体的立模放样

### 1. 任务目的
直线型混凝土重力坝的立模放样。

**2. 任务准备**

经纬仪（或全站仪）、钢尺、水准仪、记录本、木桩、斧头。

**3. 任务实施**

在坝体分块立模时，应将分块线投影到基础面上或已浇筑好的坝面上，模板架立在分块线上，因此分块线也叫立模线，但立模后立模线被覆盖，还要在立模线内侧弹出平行线，称为放样线（见图10-11中虚线），用来立模放样和检查校正模板位置。放样线与立模线之间的距离一般为0.2~0.5m。

（1）方向线交会法 如图10-10所示的混凝土重力坝，已按分块要求布设了矩形坝体控制网，可用方向线交会法，先测设立模线。如要测设分块2的顶点 *b* 的位置，可在7′点安置经纬仪，瞄准7″点，同时在Ⅱ点安置经纬仪，瞄准Ⅱ′点，两架经纬仪视线的交点即为 *b* 的位置。在相应的控制点上，用同样的方法可交会出该分块的其他三个顶点的位置，得出分块2的立模线。利用分块的边长及对角线校核标定的点位，无误后在立模线内侧标定放样线的四个角点，如图10-10中分块 *abcd* 内的虚线。

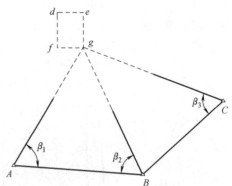

图 10-11 前方交会法示意图

（2）前方交会法 如图10-11所示，由 *A*、*B*、*C* 三控制点用前方交会法先测设某坝的四个角点 *d*、*e*、*f*、*g*，它们的坐标由设计图纸上查得，从而接合三控制点的坐标可计算出放样数据——交会角。如欲测设 *g* 点，可算出 $\beta_1$、$\beta_2$、$\beta_3$，便可在实地定出 *g* 点的位置。依次放出 *d*、*e*、*f* 各角点。应对放出的分块边长和角度线检校，无误后在立模线内侧标定放样线的四个角点。

（3）极坐标法 在实际工作中常用全站仪直接测设 *d*、*e*、*f*、*g* 的坐标，放样速度较快。

# 项目评价

本项目的评价方法、评价内容和评价依据见表10-1。

表 10-1 项目评价（十）

| 评 价 方 法 | | |
|---|---|---|
| 采用多元评价法，教师点评、学生自评、互评相结合。观察学生参与、聆听、沟通表达自己看法、投入程度、完成任务情况等方面 | | |
| 评价内容 | 评价依据 | 权重 |
| 知识 | 1. 能简述坝轴线测设的方法和步骤<br>2. 能简述水利水电施工控制测量的布设、观测、计算<br>3. 能简述坝坡面和坝体分块立模放样及浇筑高程放样的步骤和要求 | 40% |
| 技能 | 1. 能测设坝轴线<br>2. 能进行水利水电施工控制测量<br>3. 能进行大坝混凝土浇筑立模线的测设 | 40% |
| 学习态度 | 1. 是否出勤、预习<br>2. 是否遵守安全纪律，认真倾听教师讲述、观察教师演示<br>3. 是否按时完成学习任务 | 20% |

## 复习巩固

### 一、单项选择题

1. 一般坝轴线是指大坝的（　　）方向的，代表坝平面位置的一根横断河谷的线。

A. 长度　　　　　　　B. 宽度　　　　　　　C. 水平　　　　　　　D. 对称

2. 土坝护坡桩从坝脚线开始，沿坝坡面平行坝轴线布设，每排高差为（　　）。

A. 3m　　　　　　　B. 5m　　　　　　　C. 6m　　　　　　　D. 10m

3. 土坝施工中，坝坡面修整后，需用草皮或石块进行护坡，为使坡面符合设计要求，需要进行（　　）。

A. 修坡桩测设　　　B. 定位桩测设　　　C. 护坡桩测设　　　D. 高程桩测设

4. 土石坝工作面的划分，应尽可能（　　）。

A. 垂直坝轴线方向　　　　　　　　　B. 平行坝轴线方向

C. 根据施工方便灵活设置　　　　　　D. 不需考虑压实机械工作条件

5. 下列关于土坝施工放样水准点设置的说法中，正确的是（　　）。

A. 永久性水准点、临时性水准点均应设在施工范围内

B. 永久性水准点、临时性水准点均应设在施工范围外

C. 永久性水准点设在施工范围内，临时性水准点设在施工范围外

D. 永久性水准点设在施工范围外，临时性水准点设在施工范围内

6. 坝体放样控制网精度要求点位误差上下浮动不超过（　　）。

A. 5mm　　　　　　B. 10mm　　　　　　C. 2mm　　　　　　D. 15mm

7. 清基开挖放样主要是确定清除大坝基础岩基表面松散物（　　）的线。

A. 位置　　　　　　B. 体积　　　　　　C. 范围　　　　　　D. 重量

### 二、填空题

1. 蓄水枢纽中除拦河坝以外，还包括泄水建筑物和_____。

2. 拦河坝是蓄水枢纽中的主要建筑物，按照筑坝材料与坝型的不同，可将坝分为：用当地土、石料修建的_____；用浆砌石、混凝土修建的_____和拱坝；用浆砌石、混凝土、以及钢筋混凝土修建的大头坝和轻型支墩坝等。

3. 拱坝及重力坝一般用坝顶上游面在水平面上的_____，土坝一般用_____作为坝轴线。

4. 土坝的施工放样内容包括：坝轴线测设，_____，清基开挖线、坡脚线放样，_____，修坡桩测设，护坡桩测设等。

5. 坝轴线测设放样时可通过施工控制点，采用_____或_____法，将坝轴线放样到地面上。

6. 坝身控制测量包括平面控制测量和_____测量。

7. 平面控制测量包括平行于坝轴线的控制线的测设和_____于坝轴线的控制线的测设。

8. 坡脚线即坝体与_____的交线。

9. 标定护坡桩位置的工作叫作_____。

10. 坝体边坡线放样中坝体各个断面上料桩的标定通常采用轴距杆法或_____法。

**三、判断题**

1. 拦河坝在建筑物的使用年限上属于临时性建筑物。 （　　）

2. 坝轴线应因地制宜地选定，一般采用直线。 （　　）

3. 施工放样和我们平时所说的测量测绘工作是一样的。 （　　）

4. 坝轴线的两端点应埋设永久性标志。 （　　）

5. 清基开挖线放样可根据具体条件分别采用套绘断面法或经纬仪扫描法。 （　　）

6. 修坡桩常用水准仪或经纬仪施测。 （　　）

7. 坝坡面修整后，不需用草皮或石块进行护坡 。 （　　）

**四、简答题**

1. 什么是拦河坝，它由哪些部分组成？

2. 拦河坝的测量工作包括哪些内容？

3. 如何确定土石坝的坝轴线？

4. 什么是坝身控制线，如何测定？

5. 土石坝清基后如何放坡脚线，有哪些方法？

6. 请简要说说边坡放样与坡面修整放样如何进行？

7. 混凝土坝的放样与其他坝的放样相比有哪些不同？

8. 混凝土坝坝体放样的控制网一般设为哪两种形式，并做简要说明。

**五、思考题**

拦河坝施工测量都需要哪些仪器和工具，它们各需要如何配合使用？

# 附 录

**一、判断题**（将判断结果填入括号中，正确的填"√"，错误的填"×"）

1. 地形图的测绘首先需要在测区内建立图根控制点。　　　　　　　　（　　）

2. 大比例尺地形图指的是比例尺小于或等于 1∶2000 的地形图。　　（　　）

3. 比例尺越小，地形图上表示的内容越详尽，比例尺精度也越高。　（　　）

4. 等高线指的是将地面上高程相等的相邻点连接起来所形成的闭合曲线。（　　）

5. 地形图仅能用于求取指定区域的面积。　　　　　　　　　　　　　（　　）

6. 在地形图上，两条相邻等高线之间的高差称为等高距。在等高距一定的情况下，等高线之间的距离越小，则表示地面坡度也越小。　　　　　　　　　　（　　）

7. 坐标换算的目的之一是为了使施工坐标系的坐标轴与建筑物平行或垂直，以便于进行施测。　　　　　　　　　　　　　　　　　　　　　　　　　　　　（　　）

8. 水准仪按照其结构可以划分为微倾式水准仪和自动安平式水准仪两类。（　　）

9. 对于微倾式水准仪来说，管水准器是用于概略整平的。　　　　　　（　　）

10. 水准管轴是指通过水准管圆弧零点 $O$ 的水准管纵向圆弧的切线。（　　）

11. 在水准仪上，视准轴应该与水准盒轴平行。　　　　　　　　　　（　　）

12. 国产水准仪型号下标中的数字表示的含义是指每公里往返测高差中数的中误差。
　　　　　　　　　　　　　　　　　　　　　　　　　　　　　　（　　）

13. 投影线相互平行且垂直于投影面的投影方式是侧投影。　　　　　（　　）

14. 在地形图上，等高线与山脊线、山谷线是平行的。　　　　　　　（　　）

15. 计算机之所以能够按照人的意图自动进行工作，是因为采用了二进制和程序存储的工作原理。　　　　　　　　　　　　　　　　　　　　　　　　　　　　　（　　）

16. 计算机在测量中的应用主要有绘图、数据处理和信息处理等。　　（　　）

17. 启动计算机的正确操作顺序应为先开外设，再开主机。　　　　　（　　）

18. 制订安全生产标识的目的是引导人们正确行走的途径、提醒人们在作业过程中的正确操作方法，是对违章行为的警告提示。　　　　　　　　　　　　　　　　（　　）

19. 施工图上使用的详图索引标志，就是指建筑的某些基本图样与有关的详图相互联系的特种标志。　　　　　　　　　　　　　　　　　　　　　　　　　　　　　（　　）

20. 建筑立面图是在垂直于房屋立面的投影上所做的房屋正投影图。　（　　）

21. 施工测量平面资料主要包括施工图纸中的平面图、红线桩资料、施工放样记录等。
　　　　　　　　　　　　　　　　　　　　　　　　　　　　　　（　　）

22. 闭合水准路线是路线校核中最好的方法。（　　）

23. 在距离测量工作中，如采用先测、后改的测法时，改正数为"＋"，则改正方向为向前延长方向。（　　）

24. 建筑方格网的特点是：方格网的纵、横格网线平行或垂直建筑物的轴线。（　　）

25. 切线支距法测设圆曲线不适用于曲线外侧开阔平坦的场地。（　　）

26. 地物点的取舍依据是以满足地形图使用的需要为前提。（　　）

27. 变形观测指的就是沉降观测。（　　）

28. 沉降观测的特点是观测时间性强、观测设备精度高、观测成果可靠，资料完整。（　　）

29. 水准测量内业计算的内容就是进行高差闭合差的分配和计算高程等。（　　）

30. 导线边长错误时，可用闭合差反算出方位角，比较导线哪一条边与之接近，则该边发生错误的可能性最大，此法不适用于支导线。（　　）

31. 测量仪器应存放在密闭、比较潮湿、温度较低的房间里。（　　）

32. 为了做好沉降观测，水准点应尽量与观测点接近，其距离不应超过100m，应离开铁路、公路和地下管道至少5m，埋设深度至少在冻土线以下0.5m。（　　）

33. 地面点位的坐标和高程不是直接测定的，而是通过测量其他的值，采用计算的方法得出的。（　　）

34. 大地水准面是一个光滑的规则曲面。（　　）

35. 产生测量误差的原因包括观测者感觉器官的不完善和测量技能的高低、仪器制作不完善和外界条件的影响等几个因素。（　　）

36. 误差是指与事实不符、与观测量毫无关系的特殊事件，其产生的原因是责任心不强、操作失误和疏忽大意。（　　）

37. 某点沿铅垂线方向到任意水准面的距离，通常称它为绝对高程。（　　）

38. 根据电子经纬仪的构造，竖盘带有自动补偿装置，如果竖轴稍有倾斜，仪器可自行纠正。（　　）

39. 在三面投影图中应遵循"三等关系"，即长对正、高平齐、宽相等。（　　）

40. 中心投影能够准确反映被投影物体的真实形状和大小。（　　）

41. 中心投影所得到的投影图通称透视图。（　　）

42. 在正投影的情况下，被投影的直线或平面与投影面之间无论处于何种状态，其投影的长度、形状及大小都不会发生改变。（　　）

43. 水准仪 $i$ 角误差可以采用前后视距相等的观测方法加以抵消。（　　）

44. 已知 $A$、$B$ 两点的高差为 +0.853m，现将水准仪安置在近 $A$ 尺处读得近尺读数为2.123m、远尺读数为 1.301m，则在进行校正时，水准管校正端应该抬高，即校正螺钉上松下紧。（　　）

45. 全圆观测法可用于任何测角情况。（　　）

46. 在四等水准测量的某一测站上，后视尺常数为4787，黑面读数为1895，红面读数为6687，则根据限差要求，读数是合格的。（　　）

47. 在四等水准测量的某一测站上，计算所得出的黑面高差为 +0833，红面高差为 +0932，则平均高差应是0932.5。（　　）

48. 对于四等水准测量中视距累积差不大于 10m 的限差，可以采取各站前后视距调控即正负兼有的方法来解决。 （    ）

49. 测量工作的实质就是确定地面点的平面位置和高低位置。 （    ）

50. 确定地面点位置的基本要素是水平距离、水平角和高差。 （    ）

51. 若地面上两点之间的高差 $h_{AB}$ 为负，则可以断定 A 点比 B 点低。 （    ）

52. 在精密量距的三差改正中，高差改正数将永远小于 0。 （    ）

53. 若在 5℃ 情况下丈量了一段距离是 150m，则温度改正数应为 +0.027m。 （    ）

54. 全圆测回法观测水平角的操作特点就是在半测回当中要归零。 （    ）

55. 水准测量过程中水准尺下沉的误差影响通过采用前后视距相等的方法可以被消除。 （    ）

56. 经纬仪测量角度时采取盘左、盘右的观测方法，可以抵消 CC 不垂直 HH、HH 不垂直 VV 的误差影响。 （    ）

57. 在任何条件下，自动安平水准仪都能够实现自动安平的状态。 （    ）

58. 系统误差是一种有规律的误差，而偶然误差则是没有规律的误差。 （    ）

59. 偶然误差的特性之一："有界性"是指误差不会超出一定的数值范围。 （    ）

60. 偶然误差的特性之一："对称性"是指正负误差出现的机会是均等的。 （    ）

61. 在测量规范中规定的允许误差值，通常是取两倍或三倍的中误差值。 （    ）

62. 对于两段长度不同的距离，如果其测量中误差相同，则表明它们的测量精度也是相同的。 （    ）

63. 为了防止发生错误并提高观测成果的质量，一般在测量工作中要进行多余的观测。 （    ）

64. 瞄准、读数的误差属于系统误差。 （    ）

65. 场地平面控制网中应尽量包含作为建筑物定位依据的起始点和起始边，包含建筑物的主点和主轴线。 （    ）

66. 根据导线左侧夹角推算坐标方位角的计算公式为：$a_{jk} = a_{ij} - b_{左} \pm 180°$。 （    ）

67. 导线角度闭合差的调整原则是比例分配。 （    ）

68. 坐标增量闭合差的调整原则是反号与边长成正比例分配到各坐标增量中。 （    ）

69. 极坐标法是平面点位测设的方法之一，比较适宜使用在放样点离控制点距离较近、便于测角量距的场合，测设效率高。 （    ）

70. 根据场地平面控制网定位是进行定位放线测量的唯一方法。 （    ）

71. 在线路工程上必须使用曲线作为两个直线方向转向的过渡，这是高速运行车辆能够安全、平稳通过的必要条件。 （    ）

72. 测量误差是不可避免的，只能尽量削弱它在测量成果中的影响，但是错误却是需要坚决杜绝的。 （    ）

73. 附合水准路线应是最后考虑选择的水准路线形式。 （    ）

74. 在开展测量工作时，我们应该坚持"先整体后局部""高精度控制低精度"的工作程序。 （    ）

75. 在水准测量中，计算校核无误不仅说明计算过程正确，而且说明起始数据也正确。 （    ）

76. 附合导线既有坐标条件校核，又有方位角条件校核，因此是首选的导线形式。

                                                                   （　　）

77. 一条直线的正反方位角相差 90°。 （　　）

78. 在第二象限中，坐标方位角＝象限角−180°。 （　　）

79. 在 3m 双面水准尺上，黑、红两面尺零点刻划数值差总是 4.787m。 （　　）

80. 如果利用水准仪上下视距丝得出的水准尺读数差为 0.636m，则仪器到尺子之间的距离是 63.6m。 （　　）

81. 在圆曲线主点中，$ZY$ 代表直圆点、$YZ$ 代表圆直点。 （　　）

82. 已知 $JD$ 的里程桩号是 1+850，切线长为 110m，则曲线起点的桩号应为 1+960。

                                                                   （　　）

83. 在圆曲线要素中，弦长的计算公式为：$C = 2R\sin\alpha$。 （　　）

84. 圆曲线要素的计算校核公式是：$T = \sqrt{(M+E)^2 + \left(\dfrac{C}{2}\right)^2}$。 （　　）

85. 在基槽开挖完成并打好垫层之后，根据基础图和轴线控制桩将建筑物各轴线、边界线、墙宽线、柱位线等施工所需标线以墨线弹在垫层上的工作称为基础放线。 （　　）

86. 已知地面两点之间的距离和方位角及其中一点的坐标，要求取另一个点坐标的工作称为坐标转换。 （　　）

87. 当建筑坐标系相对于测量坐标系为逆时针旋转时，在进行坐标换算过程中，$\alpha$ 应取正值。 （　　）

88. 主轴线型控制网是场地平面控制网的常用形式之一。 （　　）

89. 已知坐标方位角为 60°，两点间距离为 100.000m，则两点间纵坐标增量是 86.600m，横坐标增量是 50.000m。 （　　）

90. 弧面差是指用水平面代替水准面时所产生的高差误差。 （　　）

91. 我国目前采用的"1985 国家高程基准"是通过福州验潮站测定的南海平均海水面。

                                                                 （　　）

92. 全站仪是一种集测角、测距、测高、计算、存储功能于一体的光、机、电测量仪器。

                                                                 （　　）

93. 只要经过检定合格的计量器具就可以永久使用在工作岗位上。 （　　）

94. 长度"m"、质量"kg"、面积"亩"、力"kgf"等都是现行的法定计量单位。

                                                                  （　　）

95. 测量记录的基本要求是：原始真实、数字正确、内容完整、字体工整。 （　　）

96. 场地平整应考虑满足地面排水、填挖土方量平衡、工程量最小的三项原则。 （　　）

97. 选择定位条件的基本原则应该是以粗定精、以短定长、以小定大。 （　　）

98. 沉降观测的操作要点是"三固定"，即仪器固定、时间固定、资金固定。 （　　）

99. 对于隐蔽工程，竣工测量一定要在还土之前或下一工序之前及时进行，否则可能会造成漏项。 （　　）

100. 进行钢尺量距工作的要点是"齐、准、直、平"；钢尺保养的要点是"五防一护"。

                                                                   （　　）

**二、单项选择题**（选择一个正确的答案，将相应的字母填在每题横线上。）

1. 将通过椭球旋转轴的平面称为_____。

A. 水准面　　　　　　B. 子午面　　　　　　C. 水平面　　　　　　D. 基准面

2. _____以 $y$ 轴为纵轴，以 $x$ 轴为横轴。

A. 数学坐标　　　　　　　　　　　B. 大地坐标

C. 独立坐标　　　　　　　　　　　D. 地理坐标

3. 独立坐标系是仅采用国家控制网的_____和一条边的方位角为依据而建立的坐标系。

A. 一个点的坐标　　　　　　　　　B. 一对点的坐标

C. 多个点的坐标　　　　　　　　　D. 多对点的坐标

4. 我国现行的 1985 高程基准的水准原点高程是_____。

A. 72.289m　　　　　　　　　　　B. 72.280m

C. 72.560m　　　　　　　　　　　D. 72.260m

5. 水准面有无数个，通过平均海水面的那一个称为_____。

A. 大地水准面　　　　　　　　　　B. 水准面

C. 海平面　　　　　　　　　　　　D. 水平面

6. 测量工作的主要任务是_____、角度测量和距离丈量，这三项也称为测量的三项基本工作。

A. 地形测量　　　　　　　　　　　B. 工程测量

C. 控制测量　　　　　　　　　　　D. 高程测量

7. 从平行于坐标轴的方向线的北端起，顺时针至直线间的夹角，称为该直线的_____。

A. 磁方位角　　　　　　　　　　　B. 坐标方位角

C. 真方位角　　　　　　　　　　　D. 方位角

8. _____是一个处处与重力方向垂直的连续曲面。

A. 海平面　　　　　　B. 水平面　　　　　　C. 水准面　　　　　　D. 竖直面

9. _____是测量平差的目的和任务之一。

A. 求最或是值　　　　　　　　　　B. 消除系统误差

C. 提高观测精度　　　　　　　　　D. 消除外界环境的影响

10. 按照测量工作中对数字取舍的规定，将数字 5.62450、6.378501 取至小数点后三位，得到_____。

A. 5.625、6.379　　　　　　　　　B. 5.624、6.378

C. 5.624、6.379　　　　　　　　　D. 5.625、6.378

11. 测量误差按其性质可分为_____和系统误差。

A. 偶然误差　　　　　　　　　　　B. 中误差

C. 粗差　　　　　　　　　　　　　D. 平均误差

12. 偶然误差出现在 3 倍中误差以内的概率约为_____。

A. 31.7%　　　　　　　　　　　　B. 95.4%

C. 68.3%　　　　　　　　　　　　D. 99.7%

13. 下面不是作为评定测量精度标准的选项是_____。

A. 相对误差             B. 最或是误差

C. 允许误差             D. 中误差

14. 微倾式水准仪能够提供水平视线的主要条件是_____。

A. 水准管轴平行于视准轴      B. 视准轴垂直于竖轴

C. 视准轴垂直于圆水准轴      D. 竖轴平行于圆水准轴

15. 测量仪器的望远镜是由_____组成的。

A. 物镜、目镜、十字丝、瞄准器

B. 物镜、调焦透镜、目镜、瞄准器

C. 物镜、调焦透镜、十字丝、瞄准器

D. 物镜、调焦透镜、十字丝、目镜

16. 国产水准仪的型号一般包括 $DS_{05}$、$DS_1$、$DS_3$，精密水准仪是指_____。

A. $DS_{05}$、$DS_3$           B. $DS_{05}$、$DS_1$

C. $DS_1$、$DS_3$           D. $DS_{05}$、$DS_1$、$DS_3$

17. 微倾式水准仪视准轴和水准管轴不平行的误差对读数产生影响，其消减方法是_____。

A. 两次仪器高法取平均值

B. 换人观测

C. 测量时采用前、后视距相等的方法

D. 反复观测

18. 在水准仪中，若竖轴和水准盒轴不平行且未能校正，在实际测量作业中的处理方法是_____。

A. 每次观测前，都要调节水准盒气泡使气泡居中

B. 在每一站上采用等偏定平法

C. 每站观测时采用两次仪器高法

D. 采用前后视距等长法

19. 水准仪各轴线之间的正确几何关系是_____。

A. 视准轴平行于水准管轴、竖轴平行于水准盒轴

B. 视准轴垂直于竖轴、水准盒轴平行于水准管轴

C. 视准轴垂直于水准盒轴、竖轴垂直于水准管轴

D. 视准轴垂直于横轴、横轴垂直于竖轴

20. 从自动安平水准仪的结构可知，当水准盒气泡居中时，便可达到_____。

A. 望远镜视准轴垂直

B. 获取望远镜视准轴水平时的读数

C. 通过补偿器使望远镜视准轴水平

D. 通过补偿器运动在磁场中产生电流

21. 电子水准仪又称数字水准仪，由基座、水准器、望远镜及_____组成。

A. 度盘           B. 激光器

C. 数据处理系统       D. 探测器

22. 采用微倾式水准仪进行水准测量时，经过鉴定的仪器视准轴也会产生误差，这是因

为_____。

    A. 水准盒气泡不可能严格居中

    B. 测量时受周围环境影响，仪器下沉等

    C. 水准管轴和视准轴不可能严格平行，会存在 $i$ 角误差

    D. 操作不熟练，读数等产生误差

23. 光学经纬仪主要由_____组成。

    A. 照准部、水平度盘、基座

    B. 望远镜、水平度盘、基座

    C. 照准部、水准器、水平度盘

    D. 照准部、竖直度盘、水准器、基座

24. 光学经纬仪的型号按精度可分为 $DJ_{07}$、$DJ_1$、$DJ_2$、$DJ_6$，工程上常用的经纬仪是_____。

    A. $DJ_{07}$、$DJ_1$                B. $DJ_1$、$DJ_2$

    C. $DJ_1$                      D. $DJ_2$、$DJ_6$

25. 如果横轴和视准轴之间有误差不是垂直关系，则望远镜绕横轴旋转扫出来的面将是_____。

    A. 圆锥面                    B. 倾斜面

    C. 铅垂面                    D. 水平面

26. 在实际测量中，根据角度测量原理，竖轴必须处于铅垂位置，而当仪器轴线的几何关系正确时，这个条件满足的主要前提是_____。

    A. 锤球线所悬挂锤球对准地面点

    B. 水准盒气泡居中

    C. 光学对中器对准地面点

    D. 水准管气泡居中

27. 对于电子经纬仪的光栅度盘，莫尔条纹的作用是_____。

    A. 利用莫尔条纹数目计算角度值

    B. 通过莫尔条纹将栅距放大，将纹距进一步细分，提高测角精度

    C. 利用莫尔条纹使栅格度盘亮度增大

    D. 利用莫尔条纹使栅格亮度按一定规律周期性变化

28. 地形图上 0.1mm 所代表的实地水平长度称为_____。

    A. 比例尺精度              B. 比例尺

    C. 精度                    D. 宽度

29. 地形图上用于表示各种地物的形状、大小以及它们位置的符号被称为_____。

    A. 地物                    B. 地貌

    C. 地物符号                D. 地貌符号

30. CAD 是指_____的缩写。

    A. 计算机辅助制造         B. 计算机集成制造系统

    C. 计算机辅助工程         D. 计算机辅助设计

31. 一个完整的计算机系统应该包括_____。

A. 主机、键盘、鼠标器和显示器

B. 软件系统

C. 主机和它的外部设备

D. 硬件系统和软件系统

32. 计算机病毒具有隐蔽性、_____、传染性、破坏性，是一种特殊的寄生程序。

A. 潜伏性       B. 免疫性

C. 抵抗性       D. 再生性

33. 计算机网络的优越性在于_____。

A. 提高系统可靠性     B. 加快运算速度

C. 实现资源共享      D. 扩展系统存储容量

34. "保障人民群众生命和财产安全，促进经济发展"是我国制定_____的重要目的。

A.《中华人民共和国安全生产法》

B.《中华人民共和国建筑法》

C.《中华人民共和国劳动法》

D.《中华人民共和国消防法》

35. 安全生产标识是提醒人们注意周围环境的主要_____。

A. 措施   B. 原因   C. 工作   D. 要求

36. 建筑业常发生的五大伤害是指：高处坠落、触电事故、物体打击、_____。

A. 机械伤害与坍塌事故   B. 机械伤害与水淹事故

C. 土方坍塌与水淹事故   D. 土方坍塌与脚手架坍塌

37. 掌握安全生产技能、参加安全培训、服从安全管理、遵章守纪、正确佩戴和使用劳动防护用品是施工人员应该履行的_____。

A. 安全生产方针     B. 安全生产目标

C. 安全生产义务     D. 安全生产目的

38. 为保证安全生产，《中华人民共和国劳动法》第五十六条明确规定：劳动者对用人单位管理人员违章指挥，有权_____；对危害生命安全和身体健康的行为，有权提出批评、检举和控告。

A. 拒绝执行  B. 协商解决  C. 研究解决  D. 认真执行

39.《中华人民共和国计量法》的立法宗旨是保障国家计量单位制的统一和_____。

A. 计量器具的检定    B. 计量器具的完整

C. 量值的准确可靠    D. 计量器具的准确

40. 法定计量单位的面积单位是_____。

A. 1市顷＝1市亩的市制单位

B. 平方公尺、平方公分等公制单位

C. 平方米、平方公里、公顷

D. 平方英尺等英制单位

41. _____表示建筑物的内部布置情况、外部形状及装修、构造、施工要求等。

A. 土建施工图     B. 结构施工图

C. 建筑施工图      D. 电气施工图

42. 总平面图分为施工总平面图及_____。

A. 建筑总平面图      B. 竣工总平面图

C. 规划总平面图      D. 轴线图

43. 测量技术资料主要包括_____、工程设计变更通知、工程交桩记录、测量成果通知单、施工测量记录和竣工图等。

A. 信号设计图      B. 道路交通设施图

C. 规程      D. 施工平面图

44. 水准仪_____的检校方法是利用圆水准器下面的三个校正螺钉，将气泡调回偏离量的一半，再用脚螺旋调整气泡偏离量的另一半。

A. 横轴不垂直于竖轴

B. 水准盒轴不垂直于视准轴

C. 视准轴不平行于水准管轴

D. 水准盒轴不平行于竖轴

45. $DS_3$型水准仪 $i$ 角的限差是_____。

A. 5″    B. 10″    C. 20″    D. 30″

46. 设地面 $A$、$B$ 两点间相距 80m，水准仪安置在 $AB$ 中点时，测得高差 $h_{AB}=+0.228$m；将水准仪移至离 $A$ 点（内侧）3m 处，读取 $A$ 点水准尺上中丝读数 $a'=1.666$m，$B$ 尺上中丝读数 $b'=1.446$m，则仪器的 $i$ 角为_____。

A. 21.4″    B. −21.4″    C. 20.0″    D. 20.3″

47. 经纬仪照准部水准管轴垂直竖轴的检验方法是：概略整平仪器，转动照准部，使水准管平行一对脚螺旋连线方向，利用脚螺旋使水准管气泡严格居中，转动照准部_____，如果气泡居中，条件满足，否则不满足。

A. 180°      B. 任一位置

C. 90°      D. 270°

48. 在水准测量时最好采用的水准路线的布置形式是_____。

A. 闭合水准路线      B. 附合水准路线

C. 支水准路线      D. 往返路线

49. 闭合水准路线校核的实质实际上是一种_____。

A. 几何条件校核      B. 复算校核

C. 距离校核      D. 变换计算方法校核

50. 如果水准仪的十字丝横丝和竖轴不垂直，观测时要注意的是_____。

A. 始终用十字丝的中间部分瞄准尺子上的刻划

B. 始终用十字丝的一端瞄准尺子上的刻划

C. 利用脚螺旋将十字丝横丝调成水平后，再用横丝读数

D. 利用目估横丝应在的水平位置，然后读数

51. 水准测量时，如果尺垫下沉，可采用的正确方法是_____。

A. 采用"后—前—前—后"的观测顺序

B. 采用两次仪器高法

C. 采用往返测法

D. 采用前后视距相等

52. 在地形图上，要求将某地区整理成平面，确定设计高程的主要原则是_____。

A. 考虑原有地形条件        B. 考虑填挖方量

C. 考虑工程的实际需要        D. 考虑填挖方量基本平衡

53. 在水平角计算中，下面说法正确的是_____。

A. 水平角计算取平均值时，数字的取舍采用四舍六入五凑偶的原则

B. 利用方向值计算角度时，永远是大的值减去小的值

C. 角度计算时，尽量用大值减去小值

D. 水平角可以是正角，也可以是负角

54. 竖直角的计算公式应根据竖盘注记形式确定。方法是：先将望远镜大致放平，辨明水平视线的竖盘固定读数，将望远镜上仰，如果对应的竖盘读数增大，则_____得到该目标的竖直角。

A. 水平视线的竖盘固定读数减去瞄准目标的竖盘读数

B. 瞄准目标的竖盘读数减去水平视线的竖盘固定读数

C. 90°减去瞄准目标的竖盘读数

D. 瞄准目标的竖盘读数减去90°

55. 三角高程测量高差的方法是通过_____来计算高差。

A. 利用三角学原理，测量竖直角度、仪器高度和目标的觇标高

B. 测量竖直角度、水平角度和目标的觇标高

C. 测量竖直角度、水平距离、仪器高度和目标的觇标高

D. 测量竖直角度、水平距离

56. 测量水平角时，关于目标偏心误差对水平角度的影响大小，下面说法正确的是_____。

A. 距离越长，引起的水平角度误差将越大

B. 与边长有关，距离越短，影响越大

C. 与水平角的大小有关，与距离无关

D. 与边长有关，距离越短，影响越小

57. 观测水平角时，采用盘左、盘右取中的观测方法，能消除视准轴不垂直于横轴的误差、_____的误差及水平度盘刻划误差。

A. 竖轴不平行于水准盒轴        B. 视准轴不平行水准管轴

C. 竖盘指标差        D. 横轴不垂直于竖轴

58. 下面的_____不是钢尺精密量距的改正项目。

A. 温度改正        B. 气压改正

C. 拉力改正        D. 倾斜改正

59. 在尺长改正数计算中，用名义长 50.000m，实长 49.9951m 的钢尺，往返测得两点间的距离为 175.828m，其尺长改正数为_____。

A. −0.0172m        B. 0.0172m

C. 0.0187m        D. −0.0187m

60. 倾斜改正数的计算公式为_____。

A. $\Delta D = -h^2/(2D)$

B. $\Delta D = h^2/(2D)$

C. $\Delta D = h^2/D$

D. $\Delta D = -2D/h^2$

61. 在距离测量中，已知起点、方向、长度，求终点点位的测量方法称为_____。

A. 测量距离

B. 测设距离

C. 测图

D. 测角

62. 矩形网是建筑场地中最常用的控制网形，称为_____。

A. 建筑方格网

B. 导线网

C. 三角网

D. GPS 网

63. 水准高程是水准仪提供_____与水准尺测定地面各点间的高差，根据已知高程推算未知点高程。

A. 视线

B. 方向线

C. 平行线

D. 水平视线

64. 水准测量的等级依次分为_____。

A. 三、四等与等外

B. 二、三等与等外

C. 二、三、四等

D. 二、三、四等与等外

65. 导线测量的内外业工作的基本要素有_____。

A. 测角、测距和坐标计算

B. 测角、确定方位角和坐标计算

C. 测距、确定方位角和坐标计算

D. 测角、测距、确定方位角和坐标计算

66. 基础施工中，基础垫层上需测设的线主要有_____，门、窗洞口线，墙身线等。

A. 轴线

B. 标高控制线

C. 竖线

D. 建筑垂直控制线

67. 建筑物定位的一般依据是：根据原有建筑物、道路中心线、_____确定。

A. 红线桩或控制点

B. 地勘报告

C. 规划图

D. 高程控制点

68. 建筑物定位放线的基本步骤是：校核定位依据、_____、测设建筑物主控轴线、测设建筑物角桩、测设基础开挖线。

A. 设置沉降点

B. 购置规范

C. 仪器的采购

D. 测设建筑物控制桩

69. 桩基础施工结束后，要进行所有桩位_____的检查。

A. 实际位置

B. 实际位置及标高

C. 高程

D. 高差

70. 轴线的竖向传递方法有_____。

A. 垂准垂准仪法、吊垂线法及经纬仪天底法

B. 吊垂线法、经纬仪天顶法及经纬仪天底法

C. 激光垂准仪法、经纬仪天顶法及经纬仪天底法

D. 激光垂准仪法、吊垂线法、经纬仪天顶法及经纬仪天底法

71. 高程传递点的选取原则是_____、铅垂。

A. 图纸要求                    B. 与距离无关

C. 任意选定                    D. 贯通

72. 圆曲线的测量方法有偏角法、切线支距法、中央纵距法、_____、交会法。

    A. 极坐标法         B. 高差法         C. 视线高法         D. 边角法

73. 圆曲线辅点坐标的计算要素有_____、起点及待求点桩号、起点坐标、切线方位角、弦长。

    A. 曲线半径         B. 圆心点         C. 矢高         D. 外距

74. 观测条件相同的各次观测称为_____。

    A. 不等精度观测                   B. 等精度观测

    C. 条件观测                        D. 直接观测

75. 倍函数的中误差等于其倍数与_____的乘积。

    A. 观测值                       B. 函数值

    C. 观测值中误差                   D. 真误差

76. 在 1：500 比例尺地形图上量得一段距离的中误差为±0.3mm，则对应的实地距离的中误差为±_____ mm。

    A. 20            B. 60            C. 100            D. 150

77. 在等精度观测中，计算观测值中误差的公式为 $m = \pm\sqrt{\dfrac{[\Delta\Delta]}{n}}$，式中的 $[\Delta\Delta]$ 是_____。

    A. 最或是误差平方和               B. 真误差平方和

    C. 真误差之和                   D. 似真误差之和

78. _____就是测量建筑物上所设观测点与水准点之间的高差变化量。

    A. 距离观测         B. 沉降观测         C. 角度观测         D. 变形观测

79. 在埋设的沉降观测点稳定后，要_____进行第一次观测。

    A. 一周后         B. 一个月后         C. 半年后         D. 立即

80. 导线观测记录的检查应包括下列主要内容：点名、角度观测数据、_____。

    A. 距离观测数据

    B. 观测记录的字体

    C. 导线观测技术规范的选用

    D. 测量仪器的出厂序列号

81. 在导线方位角计算过程中，如果算出的方位角的结果超过 360°，则应_____。

    A. 减去 180°                   B. 减去 270°

    C. 减去 360°                   D. 不做处理

82. 导线方位角推算前，应将角度闭合差 $f_{\beta左}$ _____平均分配于导线各观测角，使角度总和符合理论值。

    A. 反号                        B. 的倒数

    C. 的平均数                  D. 同号

83. 钢尺量距导线的坐标增量闭合差应_____。

    A. 按照导线各边边长比例分配

B. 按照测站数分配

C. 按照各边平均分配

D. 随机分配

84. 闭合导线计算时，若发现角度闭合差超限，可按比例尺绘出导线图，并在两点闭合差的中点做垂线，若垂线通过或接近某导线点，则_____。

A. 该点角度观测发生错误的可能性最小

B. 该点角度观测发生错误的可能性最大

C. 该点距离观测发生错误的可能性最小

D. 该点距离观测发生错误的可能性最大

85. 在电子经纬仪使用中，其按键［HOLD］的含义是_____。

A. 水平角锁定　　　　　　　　　　B. 竖直角锁定

C. 水平角置零　　　　　　　　　　D. 第二功能键选择

86. 水准仪在使用中，要注意防震、防晒、防潮及保护目镜与_____。

A. 物镜　　　　　　　　　　　　　B. 棱镜

C. 接收器　　　　　　　　　　　　D. 反光镜

87. 经纬仪、水准仪的保养，应注意在观测结束，仪器入箱前，先将定平螺旋和_____退回正常位置，并用软毛刷除去仪器表面的灰尘，再按出箱时的原样放入箱内。

A. 制动螺旋　　　　　　　　　　　B. 微动螺旋

C. 对光螺旋　　　　　　　　　　　D. 微倾螺旋

88. 全站仪在测站上的操作步骤主要包括：安置仪器、开机自检、_____、选定模式、后视已知点、观测前视欲求点位及应用程序测量。

A. 输入风速　　　　　　　　　　　B. 输入参数

C. 输入距离　　　　　　　　　　　D. 输入仪器名称

89. 自动安平水准仪的操作程序主要包括粗平、_____、读数。

A. 精平　　　　　　　　　　　　　B. 照准

C. 调焦　　　　　　　　　　　　　D. 整平

90. 附合导线角度闭合差要根据导线两端的_____及导线转折角计算。

A. 已知方位角　　　　　　　　　　B. 距离

C. 待求方位角　　　　　　　　　　D. 方向

91. 沉降观测的操作要点中有个"三固定"，其中包括_____。

A. 记录人员固定　　　　　　　　　B. 日期固定

C. 地点固定　　　　　　　　　　　D. 观测人员固定

92. 对一距离进行了两组观测。其中第一组观测 4 次，分别得到最或是误差为+5mm、0mm、+4mm、−9mm，则对应的观测值中误差为_____。

A. ±6.4″　　　　B. ±5.5″　　　　C. ±6.0″　　　　D. ±7.3″

93. 在一定观测条件下偶然误差的绝对值不超过一定限度，这个限度称为_____。

A. 允许误差　　　　　　　　　　　B. 相对误差

C. 绝对误差　　　　　　　　　　　D. 平均中误差

94. 测得某距离为 200m，误差为 0.05m，则相对误差为_____。

A. 0.05m B. 0.025% C. 0.25‰ D. 1/4000

95. 在测绘地形图时，对地物测绘的质量主要取决于_____的选择是否正确合理。

A. 方向线 B. 等高线 C. 坐标点 D. 地物特征点

96. 角度交会法测设圆曲线适用于_____。

A. 距离较短，便于量距的情况

B. 距离较长，地形复杂且不便量距的情况

C. 距离较短，地形复杂的情况

D. 距离较短，地形平坦，不便于安置仪器的情况

97. 切线与弦线组成的夹角称为偏角（即弦切角），它等于该弦所对圆心角的_____。

A. 一倍 B. 两倍

C. 四分之一 D. 一半

98. 桩基础施工放线的一般特点是_____。

A. 基坑较深和施工场地较小

B. 施工场地较小和精度高

C. 基坑较深和精度高

D. 基坑较深、施工场地较小、定位精度高

99. 四等水准测量测站的视线长度应≤100m、前后视距差应≤_____。

A. 5m B. 1m C. 3m D. 10m

100. 钢尺因悬空丈量其中部下垂产生_____。

A. 示值误差 B. 垂曲误差

C. 拉力误差 D. 定线误差

### 三、简答题

1. 水准仪上具有哪几条主要轴线，彼此之间应该满足什么几何关系？

2. 简述水准仪 $LL \parallel CC$ 的检验与校正方法。

3. 试说明微倾式水准仪一次精密定平的目的和方法。

4. 水准测量时，前后视距相等具有什么好处？

5. 试说明四等水准测量的主要技术要求。

6. 简述经纬仪的主要轴线及其几何关系。

7. 说明经纬仪 $CC \perp HH$ 的检验与校正方法。

8. 简述经纬仪等偏定平法的操作步骤。

9. 经纬仪采取盘左、盘右观测有哪些优点？

10. 简述全圆测回法观测水平角的操作步骤。

11. 精密量距时改正数如何计算？

12. 简述导线测量的内业计算步骤。

13. 说明偶然误差（随机误差）及其特性。

14. 说明系统误差的定义，并举例。

15. 地形图测绘有几种基本方法？

16. 简述等高线的定义及其特性。

17. 场地平面控制网有几种网形，布网原则是什么？

18. 说明场地高程控制网布网原则。

19. 简述建筑坐标与测量坐标相互转换的目的和方法。

20. 建筑物定位有几种基本方法？

21. 轴线投测（竖向投测）有哪几种方法？

22. 简述标高传递的操作方法。

23. 《中华人民共和国计量法》的立法宗旨是什么？《中华人民共和国计量法实施细则》第二十五条的内容是什么？

24. 简要叙述竣工测量的目的及其主要工作内容。

25. 进行圆曲线测设时，有哪些主要元素，如何计算？

26. 施工测量技术资料包括哪些主要内容？

27. 简要回答点位测设有哪些基本方法？

28. 地形图有哪些主要应用？

29. 在线路工程中，圆曲线主点的桩号如何计算？

30. 变形观测包括几种类型？沉降观测具有哪些特点？

## 附录B 国家职业资格考试题库 中级测量放线工模拟试题答案

### 一、判断题

| 1. √ | 2. × | 3. × | 4. √ | 5. × | 6. × | 7. √ | 8. √ | 9. × | 10. √ |
|---|---|---|---|---|---|---|---|---|---|
| 11. × | 12. √ | 13. × | 14. × | 15. √ | 16. √ | 17. × | 18. √ | 19. √ | 20. × |
| 21. √ | 22. × | 23. √ | 24. √ | 25. × | 26. √ | 27. √ | 28. √ | 29. × | 30. √ |
| 31. × | 32. √ | 33. √ | 34. √ | 35. √ | 36. √ | 37. √ | 38. √ | 39. √ | 40. √ |
| 41. √ | 42. × | 43. √ | 44. × | 45. × | 46. × | 47. √ | 48. √ | 49. √ | 50. √ |
| 51. √ | 52. √ | 53. √ | 54. √ | 55. √ | 56. √ | 57. √ | 58. √ | 59. √ | 60. √ |
| 61. √ | 62. × | 63. √ | 64. × | 65. √ | 66. × | 67. × | 68. √ | 69. √ | 70. × |
| 71. √ | 72. √ | 73. × | 74. √ | 75. √ | 76. √ | 77. √ | 78. √ | 79. √ | 80. √ |
| 81. √ | 82. × | 83. × | 84. √ | 85. √ | 86. × | 87. × | 88. √ | 89. × | 90. √ |
| 91. × | 92. √ | 93. √ | 94. √ | 95. √ | 96. √ | 97. × | 98. × | 99. √ | 100. √ |

### 二、选择题

| 1. B | 2. A | 3. A | 4. D | 5. A | 6. D | 7. B | 8. C | 9. A | 10. B |
|---|---|---|---|---|---|---|---|---|---|
| 11. A | 12. D | 13. B | 14. A | 15. D | 16. B | 17. C | 18. B | 19. A | 20. B |
| 21. C | 22. C | 23. A | 24. D | 25. A | 26. D | 27. B | 28. A | 29. C | 30. D |
| 31. D | 32. A | 33. C | 34. A | 35. A | 36. A | 37. C | 38. A | 39. C | 40. C |
| 41. B | 42. A | 43. D | 44. D | 45. A | 46. A | 47. A | 48. B | 49. A | 50. A |
| 51. C | 52. D | 53. A | 54. B | 55. C | 56. B | 57. D | 58. B | 59. A | 60. A |
| 61. B | 62. A | 63. D | 64. D | 65. D | 66. A | 67. A | 68. D | 69. A | 70. D |
| 71. D | 72. A | 73. A | 74. B | 75. C | 76. D | 77. B | 78. B | 79. D | 80. A |
| 81. C | 82. A | 83. B | 84. B | 85. B | 86. B | 87. B | 88. B | 89. B | 90. B |
| 91. A | 92. A | 93. A | 94. D | 95. D | 96. B | 97. D | 98. D | 99. C | 100. B |

**三、简答题**

1. 答：水准仪上具有四条主要轴线，分别是圆水准轴 $L'L'$、长水准轴 $LL$、视准轴 $C$ 和竖轴 $VV$。它们彼此之间应该满足两个平行关系，即 $L'L' \parallel VV$、$LL \parallel CC$。

2. 答：（1）检验

① 在大致平坦的场地上选择相距大约 80m 的两点 $A$、$B$ 分别立尺，中间等距处安置水准仪，利用两次仪器高法测定两点的高差，当较差小于 ±3mm 时取平均值得出正确高差 $h_{AB}$。

② 将水准仪移至近 $A$ 尺处再读两尺读数，利用 $h_{AB}$ 及近尺读数 $a$（视为正确读数）求出远尺应读读数 $b = a - h_{AB}$。

③ 比较 $b$ 与实际 $B$ 尺读数 $b'$，若相等则 $LL \parallel CC$，否则平行关系不满足，若计算 $i'' = 2 \times 10^5 \times (b - b')/D_{AB} > 20''$，则需要进行校正。

（2）校正

① 调整微倾螺旋，使读数为应读读数 $b$，此时视线 $CC$ 已经水平。

② 用校正针松开水准管校正端的左、右螺钉，上、下螺钉一松一紧使水准管气泡居中，此时 $LL$ 也已水平，实现 $LL \parallel CC$。最后将左、右螺钉拧紧完成校正。

3. 答：一次精密定平是为了使水准仪望远镜照准任何方向时水准管气泡都居中，即视线处于水平状态，从而能够实现一次后视测定多点高程的抄平工作。

具体操作方法是：①概略整平后，将水准管平行于两个脚螺旋连线方向，利用微倾螺旋使水准管气泡居中；②调转望远镜 180°，如气泡不居中，利用这两个脚螺旋与微倾螺旋各调整气泡偏离量的一半，使气泡居中；③调转望远镜 90°，利用第三个脚螺旋使气泡居中。

4. 答：好处有三，即

①抵消长水准轴 $LL$ 不平行于视准轴 $CC$ 的误差影响；②抵消弧面差及大气折光差的影响；③减少调焦，提高观测精度和速度。

5. 答：四等水准测量的主要技术要求是：

①视距长度 ≤100m；②前后视距差 ≤3m；③前后视距累积差 ≤10m；④黑红面读数差 ≤±3mm；⑤黑红面高差之差 ≤±5mm；⑥水准线路高差闭合差 ≤ ±20mm$\sqrt{L}$（平地）或 ≤±20mm$\sqrt{n}$（山地）。

6. 答：经纬仪上具有四条主要轴线，分别是水准轴 $LL$、视准轴 $CC$、横轴 $HH$ 和竖轴 $VV$。它们彼此之间应该满足三个垂直关系，即 $LL \perp VV$、$CC \perp HH$ 和 $HH \perp VV$。

7. 答：（1）检验

①在平坦的场地上 $O$ 点安置经纬仪，选择与仪器相距大约 100m 的一个明显的点状目标 $A$，在 $AO$ 的延长线上距仪器约 10m 且与仪器同高的 $B$ 点上横放一把带有毫米刻划的直尺。

②盘左瞄准目标 $A$，倒转望远镜在直尺上读取读数 $b_1$。

③盘右瞄准目标 $A$，倒转望远镜在直尺上读取读数 $b_2$；如果 $b_1 = b_2$，则 $CC \perp HH$，否则 $CC$ 不垂直于 $HH$。

（2）校正

打开十字丝环保护盖，松开上、下两个校正螺钉，左、右两个校正螺钉一松一紧，使十字丝竖丝对准 $b_2$ 到 $b_1$ 之间距 $b_2$ 四分之一处的 $b_3$，此时 $CC \perp HH$。拧紧上、下两个校正螺钉，扣好十字丝环保护盖完成校正。

8. 答：当经纬仪水准管轴 $LL$ 不垂直于竖轴 $VV$，又暂时不能进行校正时，为了保证测量的正确性，就需要采取等偏定平法。具体操作方法是：①将水准管平行于两个脚螺旋，使水准器气泡居中；②转动照准部 90°，利用第三个脚螺旋使水准器气泡居中；③转动照准部 180°，如果气泡不再居中，则说明 $LL$ 不垂直于 $VV$，利用脚螺旋使气泡退回偏离量的一半；④再转动照准部 90°，同样利用脚螺旋使气泡退回偏离量的一半；此时竖轴已经处于铅垂状态。

9. 答：使用经纬仪进行测角、设角、延长直线、轴线投测等操作时，采取盘左、盘右观测取平均的方法优点有三：①可以发现观测中的错误；②能够提高观测精度；③能够抵消仪器 $CC$ 不垂直于 $HH$、$HH$ 不垂直于 $VV$ 及竖盘指标差等误差影响。

10. 答：全圆测回法观测水平角的操作步骤如下（以 4 个观测方向为例）。

①将经纬仪安置在角顶点 $O$ 上进行对中和整平。②将望远镜调成盘左位置，并为起始方向（目标 1）配置水平度盘读数为 $0°00'00''$。③在保持望远镜处于盘左的状态下，顺时针旋转照准部依次瞄准其他各观测目标（2、3、4）并读取度盘读数。之后继续顺时针旋转照准部瞄准起始目标 1（即归零）读取度盘读数，完成上半测回的观测。④将望远镜调成盘右状态，瞄准起始方向（目标 1）读数，并逆时针旋转照准部依次瞄准其他各观测目标（4、3、2）读取度盘读数，最后归零再次照准起始目标 1 读数，完成下半测回的观测。

11. 答：为了精密测量地面上两点间的水平距离，应该对观测成果进行以下改正计算。

① 尺长改正数：$\Delta D_1 = \dfrac{l_实 - l_名}{l_名} D'$

② 温度改正数：$\Delta D_t = 1.2 \times 10^{-5} \times (t - t_0) D'$

③ 倾斜改正数：$\Delta D_h = -\dfrac{h^2}{2D'}$

④ 实际距离 $D =$ 观测距离 $D' +$ 各项改正数

12. 答：导线测量的内业计算步骤如下。

① 根据导线夹角计算角度闭合差 $f_\beta$、闭合差允许值 $f_{\beta允}$。

② 若 $f_b \leq f_{\beta允}$，将角度闭合差 $f_\beta$ 反号平均分配。

③ 推算导线各边方位角，并计算坐标增量及坐标增量闭合差 $f_x$、$f_y$。

④ 计算导线全长闭合差 $f_s = \sqrt{f_x^2 + f_y^2}$，相对闭合差 $K = \dfrac{f_s}{\sum D} = \dfrac{1}{M}$。

⑤ 若 $K$ 值符合限差规定，将坐标增量闭合差 $f_x$、$f_y$ 分别反号按与导线边长成正比例分配到各边增量中。

⑥ 最后计算各点坐标，并校核。

13. 答：在一定的观测条件下进行大量的观测，所产生的误差在大小和符号上从表面上看没有明显的规律性，但通过大量的统计分析却发现存在着一定的统计规律性，这种误差称为偶然误差，也叫随机误差。

偶然误差具有如下特性：①小误差的密集性；②大误差的有界性；③正负误差的对称性；④全部误差的抵消性。

14. 答：在一定的观测条件下对某物理量进行一系列观测，所出现的误差在大小和符号上趋向一致或保持一定的函数关系，这种误差称为系统误差。

如：钢尺量距时，若实际尺长大于名义尺长，每量一个尺段就会产生一个正误差，所量尺段越多，累积的误差越大。

15. 答：地形图测绘有以下几种基本方法。

① 大平板仪测图。

② 小平板仪、水准仪联合测图。

③ 小平板仪、经纬仪联合测图。

④ 全站仪数字化测图。

16. 答：地面上高程相同的相邻点连接起来的闭合曲线称为等高线。其特性有：①同一等高线上点的高程相等；②等高线均为闭合曲线，不在本幅图内闭合，也一定在另外的图中闭合；③不同高程的等高线不能相交；④山脊线、山谷线、河流、小溪与等高线成正交；⑤在同一幅图中，如果等高距相等，等高线越密集，地势越陡峭；等高线越稀疏，地势越平坦；等高线平距均匀，则地面坡度相等。

17. 答：场地平面控制网常见的网形有：矩形网，多边形网，主轴线网。

布网原则如下。

① 控制网应均匀布置在整个施工场区，网中要包含作为场地定位依据的起始点和起始边、建筑物主点和主轴线。

② 在便于施测、使用、长期保存的原则下，尽量组成与建筑物外廓平行的闭合图形，以便校核。

③ 控制线的间距以 30~50m 为宜，控制点之间应通视、易于测量，桩顶面应略低于场地设计高程，桩底低于冰冻层，以便长期保留。

18. 答：场地高程控制网的布网原则是：①在整个场地内各主要幢号附近设置 2~3 个高程控制点，或±0.000 水平线；②相邻点间距在 100m 左右；③构成闭合网形（附合线路或闭合线路）。

19. 答：建筑坐标系的坐标轴一般是与建筑物主轴线相一致的（平行或垂直），建筑设计往往又是按照测量坐标进行表示的；而定位放线测量有时是根据场地控制点位（测量坐标系）来进行的，有时为了便于测量，又是依据建筑坐标系来进行的，因此就要根据需要将建筑坐标和测量坐标进行相互转换。

（1）由测量坐标换算为施工坐标

$$A_P = (x_p - x_0)\cos\alpha + (y_P - y_0)\sin\alpha$$
$$B_P = -(x_p - x_0)\sin\alpha + (y_P - y_0)\cos\alpha$$

（2）由施工坐标换算为测量坐标

$$x_P = x_0 + A_P\cos\alpha - B_P\sin\alpha$$
$$y_P = y_0 + A_P\sin\alpha - B_P\cos\alpha$$

$\alpha$ 是建筑坐标轴相对于测量坐标轴旋转的角度。角度如按顺时针方向转动，$\alpha$ 为正值；如按逆时针旋转，则 $\alpha$ 取负值。

20. 答：建筑物定位一般有以下几种基本方法：①根据原有建筑物或构筑物进行定位；②根据建筑红线和定位桩进行定位；③根据场地平面控制网进行定位。

21. 答：轴线投测有两类、共七种方法。

1）经纬仪法：①延长轴线法；②侧向借线法；③正倒镜调直法。

2）铅垂线法：

①吊锤线法；②激光垂准仪法；③经纬仪天顶法；④经纬仪天底法。

22．答：标高传递可以利用皮数杆或钢卷尺进行。使用钢卷尺的操作方法如下。

① 使用水准仪根据统一的±0.000水平线或水准控制点，在各传递点处准确地测设出相同的起始标高线。

② 用钢尺从相同的起始标高线沿竖直方向向上量至施工层，并弹出整数标高线。

③ 将水准仪安置在施工层，校测由下面传递上来的各水平线，较差应在±3mm以内。

23．答：《中华人民共和国计量法》的立法宗旨是为了加强计量监督管理，保障国家计量单位制的统一和量值的准确可靠，有利于生产、贸易和科学技术的发展。

《中华人民共和国计量法实施细则》第二十五条规定：任何单位与个人不准在工作岗位上使用没有检定合格印、证或者超过检定周期以及经检定不合格的计量器具。

24．答：竣工测量的成果可以作为验收和评价工程是否按图施工的依据，作为工程交付使用后进行管理、维修的依据，作为以后工程改建和扩建的依据。

其主要工作内容有：①收集设计图纸、变更设计、洽商文件；②收集各种测量资料及隐蔽工程的检查资料；③对外围工程如道路、绿化、各种管线的用途、位置、管径、材质、检查井的位置、井底高程等进行实地测定。

25．答：圆曲线测设的主要元素及其计算方法如下。

1）切线长：$T = R\tan\dfrac{\alpha}{2}$

2）曲线长：$L = R\alpha\dfrac{\pi}{180°}$

3）弦长：$C = 2R\sin\dfrac{\alpha}{2}$

4）外矢距：$E = R\left(\sec\dfrac{\alpha}{2} - 1\right)$

5）中央纵距（矢高）：$M = R\left(1 - \cos\dfrac{\alpha}{2}\right)$

校核计算：$T = \sqrt{(M+E)^2 + \left(\dfrac{C}{2}\right)^2}$

26．答：施工测量技术资料的主要包括以下内容。

1）测量依据资料：①当地城市规划管理部门红线桩坐标及水准点通知单；②验线通知单及交接桩记录表；③工程定位图（建筑总平面图、建筑场地原始地形图）；④有关测量放线方面的设计变更文件及图纸。

2）施工记录资料：①施工测量方案、平面控制网与水准点成果表及验收单；②工程位置、主要轴线、高程预检单；③必要的测量原始记录。

3）竣工验收资料：①竣工验收资料、竣工测量报告及竣工图；②沉降变形观测资料。

27．答：点位测设的基本方法有：①直角坐标法；②极坐标法；③距离交会法；④角度交会法

28．答：地形图的主要应用是：①确定点的坐标；②确定两点之间的距离和方位角；③

确定点的高程；④确定两点之间的高差和坡度；⑤求取图形的面积；⑥绘制给定方向的断面图。

29. 答：圆曲线主点包括曲线起点、曲线中点和曲线终点等。它们的桩号按如下方法计算。

起点（ZY）桩号＝交点（JD）桩号–切线长（T）

中点（QZ）桩号＝起点（ZY）桩号＋曲线长（L）

终点（YZ）桩号＝中点（QZ）桩号＋曲线长（L）

校核：终点（YZ）桩号＝交点（JD）桩号＋切线长（T）–切曲差（2T–L）

30. 答：变形观测包括沉降观测、倾斜观测和裂缝观测等。沉降观测具有以下几个特点：①观测精度高；②观测时间性强；③观测成果可靠，资料完整。

# 参 考 文 献

[1]  中华人民共和国住房和城乡建设部，中华人民共和国国家质量监督检验检疫总局. GB 50026—2007 工程测量规范［S］. 北京：中国计划出版社，2008.

[2]  中华人民共和国住房和城乡建设部，CJJ/T 8—2011  城市测量规范［S］. 北京：中国建筑工业出版社，1999.

[3]  中华人民共和国水利部. SL 197—2013  水利水电工程测量规范［S］. 北京：中国水利水电出版社，1997.

[4]  中华人民共和国住房和城乡建设部，JGJ 8—2016  建筑变形测量规范［S］. 北京：中国建筑工业出版社，2008.

[5]  中华人民共和国国家质量监督检验检疫总局，中国国家标准化管理委员会。GB/T 13989—2012 国家基本比例尺地形图分幅和编号［S］. 北京：中国标准出版社，2012.

[6]  中华人民共和国国家质量监督检验检疫总局. GB/T 17986.1—2000 房产测量规范  第 1 单元：房产测量规定［S］. 北京：中国标准出版社，2000.

[7]  中华人民共和国国家质量监督检验检疫总局. GB/T 17986.2—2000 房产测量规范  第 2 单元：房产图图式［S］. 北京：中国标准出版社，2000.

[8]  张正禄. 工程测量学［M］. 武汉：武汉大学出版社，2002.

[9]  张正禄，黄全义，文鸿雁，等. 工程的变形监测分析与预报［M］. 北京：测绘出版社，2007.

[10]  张正禄，司少先，李学军，等. 地下管线探测和管网信息系统［M］. 北京：测绘出版社，2007.

[11]  黄声享，郭英起，易庆林. GPS 在测量工程中的应用［M］. 北京：测绘出版社，2007.

[12]  张希黔，黄声享，姚刚. GPS 在建筑施工中的应用［M］. 北京：中国建筑工业出版社，2005.

[13]  吴子安，吴栋材. 水利工程测量［M］. 北京：测绘出版社，1990.

[14]  钱东辉. 水电工程测量学［M］. 北京：中国电力出版社，1998.

[15]  林文介，文鸿雁，程朋根. 测绘工程学［M］. 广州：华南理工大学出版社，2003.

[16]  孔祥元，郭际明，刘宗泉. 大地测量学基础［M］. 武汉：武汉大学出版社，2001.

[17]  卓健成. 工程控制测量建网理论［M］. 成都：西南交通大学出版社，1996.

[18]  顾孝烈. 城市与工程控制网设计［M］. 上海：同济大学出版社，1991.